奇趣大自然

Qiqu Daziran

庭园林中小树仙

[英]阿拉贝拉·巴克利 著
陈曦 夏星 译

植物王国 树丛乐园

世界经典少儿科普读物
了解大自然的情感化读本

暨南大学出版社
JINAN UNIVERSITY PRESS
中国·广州

图书在版编目（CIP）数据

庭园林中小树仙/［英］阿拉贝拉·巴克利（Buckley A. B.）著；陈曦，夏星译．—广州：暨南大学出版社，2013.7（2015.9 重印）
（奇趣大自然）
ISBN 978-7-5668-0613-0

Ⅰ.①庭… Ⅱ.①阿… ②陈… ③夏… Ⅲ.①植物—少儿读物 Ⅳ.①Q 94-49

中国版本图书馆 CIP 数据核字（2013）第 119468 号

出版发行：暨南大学出版社

地 址：中国广州暨南大学
电 话：总编室（8620）85221601
营销部（8620）85225284 85228291 85228292（邮购）
传 真：（8620）85221583（办公室） 85223774（营销部）
邮 编：510630
网 址：http：//www.jnupress.com http：//press.jnu.edu.cn

排 版：广州市天河星辰文化发展部照排中心
印 刷：佛山市浩文彩色印刷有限公司

开 本：787mm×960mm 1/16
印 张：9.5
字 数：103 千
版 次：2013 年 7 月第 1 版
印 次：2015 年 9 月第 3 次

定 价：22.80 元

前　言

我写这些书，是为了让孩子们对乡村生活产生兴趣。书中的语言都极其简单，以便孩子们每次上课都能大声朗读出来，但是其中的信息还需要教师进行解释和说明。事实上，我是想让这些课程作为口头教学的基础，教师在授课的过程中，鼓励孩子们带来标本、进行观察、提出问题。然后，等到孩子们对一课一读再读以后——多数课本都是这样的——就会掌握这些知识了。

我比任何人都清楚，这些大纲有多么微不足道，由于篇幅所限，还有很多内容未及详述。不过，我希望热爱自然的教师能从书中得到启发，并将这些空白填补起来。

那些有趣的插图会帮助孩子们认识书中提及的动物和植物。

阿拉贝拉·巴克利（费舍夫人）

序

我们几个小伙伴——彼得、汤姆和保罗，天天一同走去上学，我们都很喜欢花儿和动物，所以每天都想努力找到新发现。

彼得是个小男孩，他还不会写字，只会读书。可他的眼光很敏锐，就数他在树篱里面看见的东西最多。汤姆的爸爸是名猎场总管，所以他认识鸟儿，也知道在哪儿能找到鸟窝。保罗家是经营农场的，他是个大孩子，而且很快就要成为一名教师了。

我们总是在榆树下的大池塘边碰头，然后沿着一条乡间的羊肠小道，走过村里的公共草地，穿过树林，再越过三块庄稼地，就到了村里的学校。

我们发现池塘附近各种生物应有尽有：乡间小道上有甲虫和田鼠、花儿和浆果、鸟窝和蜂巢；公共草地的金雀花上，蜘蛛结下它们的网；犁过的田地里，云雀藏着它的窝；草地上有金凤花和雏菊；玉米地里则长着矢车菊。

保罗会替我们把看见的一切都记下来，再编成一本书。

总目录

植物王国

目　录

第一课　牧人的钱包

现在是晴朗的夏日清晨，刚到七点，快起来看看窗外秀美的风景吧。阳光如此明媚，鸟儿唱得正欢，蜜蜂在花间飞舞，这个时候你怎么还好意思赖在床上呢?

为什么蜜蜂这么早就劳作了？因为它们想要从花里采集黄色的花粉，而清晨的露水可以将花粉打湿，这样它们就能把花粉滚成一个个小球，再把这些小球放进后腿上的花粉槽里，然后飞回蜂房。在蜂房里，它们把花粉球和蜂蜜混合在一起，做成蜂粮给幼蜂吃。

你瞧，那棵榆树下的啄木鸟也在忙活着抓虫子回家喂小鸟，这些小鸟孵出来才一个多星期呢。远处的田野里，一只画眉正和一条大毛虫打得不可开交，我猜它这也是为了给家人弄点早餐。

它们这么忙碌，而你却还在睡觉！如果我是你，就会从床上起来，到园子里去拔拔野草，这样你既能让自己有点用处，也能在干活时学到很多有趣的东西。

包菜地里就有野草，你知道这叫什么吗？它叫荠（jì）菜，又叫作“牧人的钱包”，这个名字来自它那怪模怪样的蒴（shuò）果。蒴果长在这种草的茎秆上，就在白色的小花下面。要是你非常仔细地打开一个蒴果，会看到里面有两个很小的种子包，一边一个，等到蒴果成熟以后，就可以把种子包从中间拉开，种子就挂在一个小小的分支上。所以说，它的蒴果就像有两个口袋（种子包）的钱包，我们可以把里面的种子看作牧人的钱币。

抓住荠菜，我来跟你说说它和其他草不一样的地方。首先来看它的根。根通常是往下长进地里的，还会长出小小的细根。根和细根的末梢都很柔软，能从地里汲取养料。

一般先往土里施肥，然后再播下种子或是种下果树。雨水落到土里，将肥料溶解出来，这就为根提供了丰富的养分，植物就能茁壮成长了。

接下来再看看它的茎秆。你一眼就能看出哪里是茎，哪里是根。因为它在接近地面的地方长出了一丛叶子。根上是从来不会长叶子的，所以长叶子的地方一定是茎。茎与根相连接的地方叫作根株（见图 1－1）。

仔细看看这一丛叶子吧，你会发现它们并不是一片长在另一片的正上方，而是上面一排的叶子刚好和下面的一排交叉开来。随着茎秆越长越高，叶子之间也分得越来越开，但仍然是交叉着往上长。

你猜猜它们为什么要长成这样？因为它们想多晒点太阳。要是不交叉着长，上面的叶子就会挡住下面叶子的阳光。但是现在，有多少阳光它们就能晒到多少。

图 1－1　荠菜

你瞧，植物的根会往下长，吸收地里的水分；茎会往上长，让叶子接触到阳光。

下一课里，我们来了解叶子的用处。

第二课　叶子的用处

叶子之所以需要很多阳光和空气，是因为它们一天到晚都忙着制造粮食。植物能自己制造粮食，这多么奇妙啊！我们人类没法从自身制造自己的粮食，动物们也没法从自身制造它们的粮食。你吃的东西要不然是从动物身上来的，要不然就是从植物身上来的。就拿蛋糕来说吧，面粉是麦粒做的，醋栗是树上结的，糖是甘蔗做的，水果片则是水果做的。

还有你吃的肉、鱼、家禽、蔬菜、水果……这些都是生物。

植物可不是这么吃饭的。它们的根从地里吸收水分和溶解在水里的其他物质，比如像石灰、苏打和钾肥，叶子则从空气中吸收气体。你和我可没法把泥土、空气和水作为谋生食物，但是植物可以。

这些漂亮的绿叶工作起来非常努力。太阳照到它们时，它们就可以把水和空气转化成让植物赖以生存的粮食，这些粮食又会让植物长出更多的叶子，开出更多的花，从而结出更多的果实给我们吃。

植物的用处真是太大了！如果不是它们自给自足的话，这个世界上就没有任何东西可以活下来了。虫吃草，鸟吃虫；羊吃草，人吃羊；兔子吃草，狐狸和黄鼠狼吃兔子。如果没有植物，那么就不可能有虫子，不可能有鸟儿，不可能有动物，更不可能有人。

不过，植物的用处还不止这一个呢。如果把很多人关在一个房间里，等他们把新鲜空气呼吸光以后，就不得不呼吸自己呼出的废气（二氧化碳）了，而废气吸进来是不好的；植物却需要这种污浊的空气。它们通过叶子吸收空气，空气中的一种气体会促进它们生长。所以，植物不仅仅把气体变成食物给我们食用，与此同时，它们还会把从我们口中呼出的废气转化为新鲜纯净的空气还给我们。正因为如此，住在植物茂盛的乡下才会对健康更有好处。

你会发现，观察植物的叶子是一件很有意思的事，看看它们的形状，以及观察一下它们为了获取阳光和空气是怎么在茎秆上排列的。

先来看看公地上的野芝麻，它的样子很像荨（qián）麻，不过没有刺。野芝麻生长在树篱里面，会开出漂亮的紫色或白色小花，花的形状很像罩子。它的叶子也是一对一对沿着茎秆向上长的，每一对都和下面的一对交错开来，好让照下去的阳光能多一点。

墙上的常春藤长着亮闪闪的绿叶，这些绿叶平平地展开，长在长长的叶柄上，这样它们就可以伸到空中了。

咱们园子里的旱金莲叶子就像一面圆圆的盾牌，叶柄长在叶子中间的下方，很长很长。这样，叶子能直接朝着天空，尽可能多地接触到阳光和空气。

七叶树的叶子则分成了好几瓣，看起来就像是由五瓣叶子组成的，每一瓣小叶都伸展开来对着阳光。

孩子们都很喜欢咬小酢（cù）浆草的叶子，因为它有股酸酸的味道。每片叶子有三瓣圆圆的小叶，就像白花酢浆草一样。在夜里或是雨天，这些小叶会垂下去，可是当阳光灿烂的时候，它就会张得开开地立起来。

现在再回过头来看看荠菜，咱们还没找到它的花呢。荠菜的花柄长在叶柄和茎秆之间，上面有一些小一点的叶子和许多蒴果。在蒴果的上方、花柄的顶端，有一些挨在一起的白色小花。它们太小了，简直看不清哪儿是哪儿。不过你还是能看出，它们有四片绿色的外花叶和四片白色的内花叶。下一课里咱们就来学学这个。

课后作业：采集六种叶子形状不同的植物，看看这些叶子是怎么长在茎秆上的。

第三课　萝卜的故事

荠菜的花太小了，所以咱们得用另一种植物的花来帮助我们认识它们。如果能在园子里找到结籽的萝卜，你就会看到萝卜花和荠菜花很像，只是萝卜花大一些，并且不是白色的，而是黄色的。

这两种花都有四片绿色的外花叶，这些叫作萼（è）片（见图3－1之s），它们构成了花萼。再往里是四片彩色的花叶，长在萼片的上面，这些叫作花瓣（见图3－1之p），它们构成了花冠。荠菜花的花瓣是白色的，萝卜花的花瓣是黄色的，不过这两种花的花瓣都组成了一个“十”字形。

花瓣的里面有六根细细的花柱，每根花柱顶端长着一个小小的柱头。这些花柱里有两根比较短的，四根比较长的，它们叫作雄蕊。那些柱头是花药，也叫花粉囊（见图3－1之d），里面装着黄色的花粉。最后，花里面最中央的是子房（见图3－1之o）——荠菜花的子房是心形的，萝卜花的子房是长荚形的。

这些种荚顺着茎秆长在小小的梗儿上，以前它们周围还有花瓣，但是现在都已经枯萎了，种荚也长得很大了。

菜园子里最好吃的蔬菜中，有一些也会开这种十字形的花，花里也有四长两短的雄蕊。有些就像萝卜和小萝卜一样，根部是能吃的。而另外一些，比如像包菜和芥菜，我们吃的是叶子；至于菜花和花椰菜，我们吃的则是花。

现在回过头来看看萝卜。它那圆圆的根多漂亮啊！你在小路边能看到一种野生萝卜，但是它的根很硬，你不会喜欢吃的。可是咱们的萝卜很好吃，因为它们长在肥沃的地里，吸收的是丰富的营养，而且只有最好的种子才会被种下去。

也许你会想，掘土的是咱们，播种的也是咱们，所以萝卜应该都是咱们的。不过，有好些动物和昆虫也想来吃一口呢。萝卜籽刚刚长出绿叶时，有一种小甲虫就准备开吃了。这种小甲虫要是不张开翅膀的话，还没有这书里的一个字大，但是它的后腿很长，跳得很远，所以它的名字就叫作“萝卜跳甲”（见图3－1之2）。

冬天的时候，萝卜跳甲就在土块下面或是枯叶底下睡觉。等春天来了，它们就醒过来，吃荠菜或是其他一些发芽早的野草。母跳甲会把卵产在草叶底下，小小的幼虫（见图3－1之1）很快就会被孵出来，把叶子吃得支离破碎。

过了两个星期，小跳甲幼虫就长得很胖了，它们落到地面上，用茧皮将自己包裹起来，就像蚁丘里的幼蚁那样。再过两个星期，它们就变成小甲虫了。

这个时候，发芽较早的萝卜才刚刚长出叶子，跳甲们会跳很远的路去吃它。也许你哪天早上起来，发现萝卜地里光秃秃的，要是你的眼够尖的话，没准能抓住这种亮闪闪的黑色小甲虫。坏事就是它们干的，这些小家伙很可能会把一整块地里的甘蓝和萝卜都给吃光。

图 3－1　园子里的萝卜和跳甲

花的各个部分：s. 花萼　p. 花瓣　d. 花粉囊或花药　o. 子房或种荚

1. 跳甲幼虫（放大多倍）　2. 会飞的跳甲（放大多倍）

如果你在年初的时候除掉了所有的野草，还耙（pá）了地，萝卜幼苗就会长得很快，跳甲也就不会来了。不过，又会有其他动物来吃萝卜。萝卜象鼻虫会把卵产在地下的根里，就像坚果象鼻虫把卵产在树上的坚果里一样。如果把萝卜拔起来的时候发现上面连着小土块或是土瘤（liú），这就说明象鼻虫的幼虫已经在里面孵出来了。

等到萝卜长出了大叶子，漂亮的橘红色锯蝇就会把卵产在里面，它的幼虫会把萝卜叶子全部吃光。再就是兔子，如果它进得了菜园子，就会吃萝卜露在地面上的部分，而老鼠会啃地下的部分。最后，如果你种萝卜是为了开花结种子的话，小小的漂亮花甲虫就来吃花苞了。

你瞧，除了咱们和绵羊，萝卜还养活了好多种动物呢。一名好园丁会很愿意学习如何阻止这些菜园“小偷”的。

课后作业：把桂竹香、紫罗兰、屈曲花、遏蓝菜、萝卜花和荠菜花采来，看看它们在形状和构造上的相似之处。

第四课　种子是怎样发芽的

前两课里，我们学到了植物有根、茎、叶、花和子房。今天我想跟你说说，这些是怎么长出来的。

如果老师让你做个小实验的话，你就会亲眼看到植物是如何从种子里长出来的了。拿一个茶杯碟和一小块绒布，将绒布放在茶杯碟里，往里面倒水，把绒布浸湿。然后找人要一小把芥菜的种子，撒在绒布上面。把它放在窗台上或是桌上，注意别让绒布上的水干了，接下来就静观其变吧。

播下种子的第二天，你会看到它们变大了，也变软了。因为种子吸收了一些水分，并且用这些水分开始生长。第三天，大部分种子会长出一条小小的白色的根，紧紧地贴在绒布上。

现在，根的末梢会吸收更多的水分，要是你打开一粒种子，就会发现它正在裂成两半，每一半都将长成一片叶子。不过现在的它们还没变绿，都是白色的，你不会想到它们以后将长成叶子。

到了第四天的早上，你上学时会发现这两半“叶子”已经从种皮里钻出来了，有些叶子是白色的，但是有一些却变了颜色，上面是绿色，背面是紫色，现在人人都能看出它们是叶子了。它们长在茎秆上，而空空的种皮还挂在茎秆和根相连接的地方。

仔细看看这些叶子的形状，它们由两个圆形组成，中间还有一条凹槽，这就是芥菜的子叶。它们从种子里长出来，吸收里面的养分，然后舒展开来，生长到能见阳光的高度。现在在阳光的照耀下，子叶变成了绿色，可以用气体和根吸收的水来自己制造养分了。如果你把芥菜从绒布上拉起来就会发现，根已经长出了很多小根和根须。

过不了几天，两片子叶之间就露出了一个绿色的小尖头，然后又长成了两片叶子。它们之间再发出小芽，长开来还是叶子，芥菜就这样越长越大。但是新长出的叶子跟子叶的形状可不大一样。新长出的叶子比较长，分成了五瓣小叶，大的一瓣长得很尖，两边各有两瓣小一点的叶子。

你已经看见了芥菜种子在绒布上的生长过程，其实种在地里的每一粒种子都是这样发芽长大的。当种子接触到温暖的雨水时，就膨胀起来，接下来长出小小的根，子叶伸展开来，茎秆长了出来，钻出了种皮，长出了地面。

在阳光下，子叶变成了绿色，开始制造养分。有了它们制造的养分，植物的茎秆和叶子继续生长，直到长大，甚至长成大树。

你还可以再做一个很好玩的实验：先把扁豆用温水浸透，再将它放在花盆里的土上面，注意浇水，不要让土干掉。然后你就可以进行观察了，就像观察芥菜的种子时一样。扁豆（见图 4 –1 之 1）长得比较慢，也许要将近一个星期才会扎根到土里，再过一个星期，大大的绿色子叶才会从种皮里钻出来。

图 4－1　扁豆的生长过程

1. 浸湿的种子　2. 长出了根　3. 子叶立起之前弯曲的茎秆

4. 张开的子叶之间长出了新枝　5. 发育完全的豆苗

扁豆的根很有意思。起初，它只长出了一条小根（见图 4－1 之2），接着又长出几条，整粒豆子看起来就像一只长着长腿的大蜘蛛。茎秆长出来以后，扁豆仍然躺着，因为它太重了。于是茎秆就弯成了弧形，一头是扁豆，另一头是根（见图 4－1 之3）。最后，吸收了子叶里的营养，子叶不再像原先那么厚，茎秆也长得强壮起来，足以将它们举起，子叶便能立在空中了（见图 4－1 之4）。不过它们并不会像芥菜那样，把种皮留在下面，而是带着种皮一起往上长，直到种皮最后干枯，从顶端落下来。然后你就会看见子叶之间长出了新芽，它们很快就会长成真正的叶子（见图4－1之5）。

课后作业：在湿绒布上培育芥菜的种子。将扁豆在温水中浸泡一夜，再把它放进花盆里的湿润土壤中。

第五课　结出新种子

上一课结束时，咱们的植物正在阳光下抽枝长叶。它们长得可快了，根从土壤里吸收水分，叶子从空气中吸收气体。

当植物的根、茎、叶都长成以后，它就开始储存养分准备开花了，新种子也将在花中孕育。这可是至关重要的，因为要想长出新植物，种子就必不可少，可是有很多种子要么被鸟儿和昆虫吃掉，要么就被其他植物给扼杀了，所以只有结出大量的种子才能保证这种植物不会灭绝。

因此，子房都被很仔细地保护了起来——它长在花的正中央，可以被花蕾紧紧地包裹住。有时候子房会长在花的下面，比如忍冬花的子房，但是它那黏糊糊的小尖头却安全地待在花蕾中。

到田野里采一朵报春花和一朵金凤花，再去菜园里那一排豌豆上摘一朵花，找到它们的子房。在金凤花（见图5－1之1）的中央有很多子房（见图5－1之2），形状就像头朝下、柄朝上的梨子，每一个子房里都孕育着一颗小小的种子（见图5－1之3）。

图 5－1　金凤花

1. 花　2. 带有独立子房的果实　3. 切开的子房里面可以看见种子

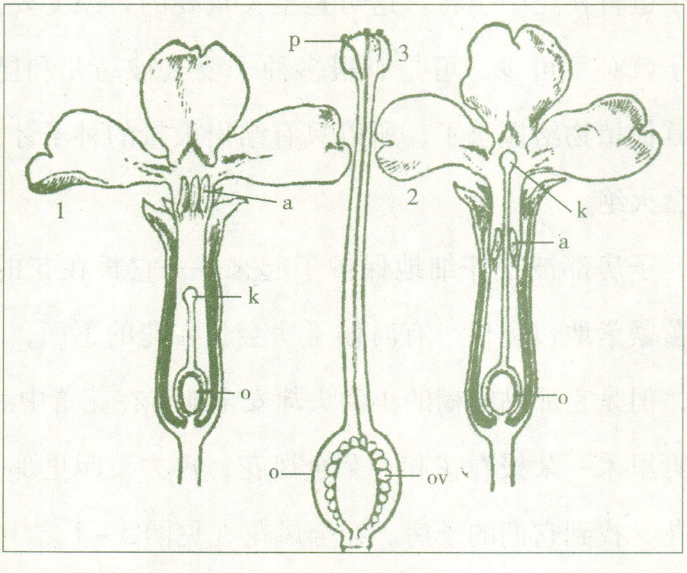

图 5－2　报春花

1. 花药（a）长在上面，有黏性的小疙瘩（k）长在管子里

2. 花药（a）长在管子里，小疙瘩（k）长在上面；子房（o）

3. 子房（o）里面有胚珠（ov），花粉（p）向它们流下去

你要先把报春花的黄色花冠扯下来，才能看见绿色的花萼里长着一个又小又圆的子房（见图5－2之1），它伸出一根管子来，顶端还有一个圆圆的小疙瘩。

豌豆花的花瓣里只有一个豆荚，顶端长着一张长长的小嘴，样子很像鸟嘴。把豆荚打开，你会看到里面有七八个白色的小球，这些就是小豌豆了。如果把报春花的子房切开，你也会看到同样的小球，它们是透明的，很软，用手指轻轻一捏就碎了（见图5－2之2）。这些还不能算真正的种子，只不过是里面有汁液的小球而已，叫作“胚珠”（见图5－2之3）。要长成硬实的种子，它们还需要长在周围花粉囊里的黄色小颗粒。

这就是子房上会长着小尖头、小嘴和小疙瘩的原因所在。金凤花种荚上的小尖头、豌豆荚头上的小嘴和报春花管子顶端的小疙瘩，都是有黏性的，它们会把黄色的花粉粒粘在上面，就像捕蝇纸把苍蝇粘住一样。然后，花粉粒会爆开，里面的汁液往下流到子房里的胚珠上，把它们变成真正硬实的种子。

找一朵鲜花来，试试把它的子房给找出来。也许你能在玉米地里摘到罂（yīng）粟花，它的子房很大，就像一个带盖的杯子，盖子上还有孔。子房成熟以后就会垂下头来，种子也就从这些小孔里掉出来了，它的种子多得数不清呢。

也许你会摘到紫罗兰，把它那鲜艳的花瓣扯下来，会发现里面是一个很有意思的子房，它的管子和顶端那个有黏性的小疙瘩就像小鸟的脖子和嘴巴。紫罗兰的花粉囊是橙色的，很漂亮，紧紧围在子房旁边。要是能找到一种名叫药蜀葵的漂亮紫色花儿，你会看到它的子房就像一块圆圆的、扁扁的奶酪，中间竖着一根长长的管子。这根管子上有八个或者十二个有黏性的红色小尖头，周围还有好多黄色的雄蕊。乡下孩子常常把药蜀葵的子房称为“奶酪”，等到子房成熟以后，那根长长的管子就会脱落下来。

你很有可能会摘到雏（chú）菊或是蒲公英（见图5－3）。这时你就会犯迷糊了，花中央怎么找不到子房呢？这是因为雏菊或蒲公英并不是一朵花，而是一个花头上挤了很多花。

图5－3　蒲公英

把蒲公英的花头分成好几片，你会看到每一朵小花都能跟其他小花分开来。一个蒲公英花头上有一百多朵小花呢。采一朵小花放在手心里仔细地观察一下，会看到花的底部有一个椭圆形的小包，那就是子房（见图5－4之o）。子房上面有几根细毛，那些是萼片（见图5－4之s），黄色的长条就是花冠。花冠里面是雄蕊，还有长长的花粉囊紧紧贴在管子周围，管子的顶端是两个有黏性的黄色小角（见图5－4之st）。

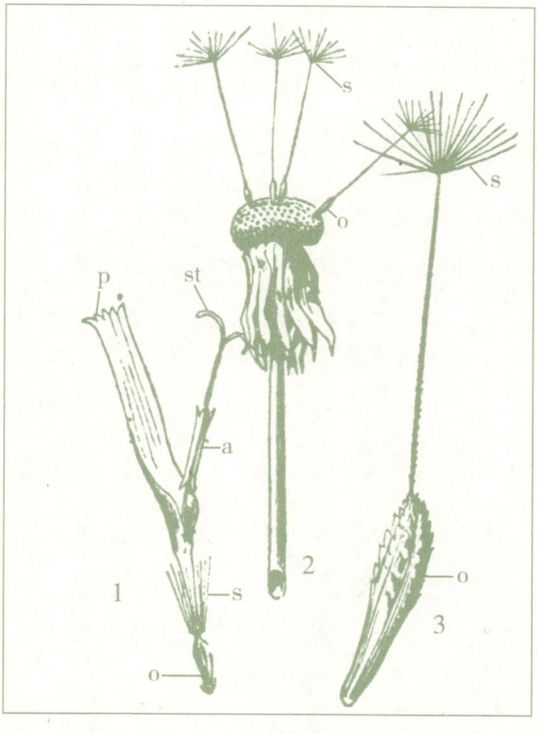

图5－4　蒲公英的各个部分

1. **一朵花：（s）萼片，（p）花瓣，（st）有黏性的小角，（a）花药，（o）子房**
2. **长着花的垫层，上面还剩下四个果实：（s）萼片，（o）子房**
3. **放大的果实：（o）子房，（s）萼片**

所以，你瞧，这个小东西就是完完整整的一朵花，和它的伙伴们一起长在蒲公英的花头上。雏菊也是这样的，只不过略有不同，看看你自己能否把这个不同点找出来。

课后作业：把豌豆花、桂竹香、荠菜花、金凤花、报春花、罂粟花、药蜀葵和蒲公英的子房找出来。

第六课 昆虫的作用

当太阳开始温暖大地的时候，你就可以去寻找报春花了。如果你家附近有潮湿的水沟，那么三月份你就能看见开花的驴蹄草（见图 6－1）。这种植物的茎秆是空心的，心形的墨绿色叶子周围有一圈锯齿。它那鲜艳的黄色花儿很大，所以孩子们常常把它叫作“金盏花”。

这种黄色的花儿只有一层花瓣，里面有很多花粉囊和子房。如果你把子房拿下来看看两边，就会看到两边各有一个小凹窝，里面有花蜜。

蜜蜂们迫不及待地要采到这些花蜜呢，因为三月这会儿还是早春，开的花很少，它们还想采一些花粉回去做成喂幼虫的蜂粮。早早出生的苍蝇也在找吃的。要是你在大晴天观察一片金盏花地，就能看到花丛里有好多蜜蜂和苍蝇。

蜜蜂们从一朵花飞到另一朵花，在每一朵花里都吸一口花蜜，当它们擦过花粉囊时，就把花粉粒给带走了。

图6－1　驴蹄草

我们在上一课里看到，只有花粉粒到达子房以后，植物才能结出种子。通过实验我们发现，如果花粉粒来自另一朵花，那么结出的种子会更好。所以，蜜蜂对花儿是有帮助的，它们带来花粉，以回报植物给它们的花蜜。

三月的时候，你在小路边的某个地方肯定能看见一种漂亮的小黄花，形状就像是小星星，长着闪亮的心形绿叶。这是小白屈菜，别名“土黄连”或者“山黄连”。它的花有五片绿色的萼片，花冠上有八片或是十片花瓣。苍蝇和蜜蜂会成群结队地到它的花里去，因为它每一片花瓣的薄薄的根部都有一滴花蜜，就在花冠的中央。

把小白屈菜底下的土挖开一点，你会看到它的根与根之间长着很多白色的小块，每一个小块上面都有一个小芽，只要把小芽放进地里就能长成一棵小白屈菜。

田野里还有另外一种常见的黄花也已经开花了，它叫款冬，这种杂草让农民伯伯很是头疼。它有着长长的匍（pú）匐（fú）茎，在地下蔓延得很快。款冬的花头跟蒲公英一样，上面长着上百朵小花。茎秆上覆盖着粉红色的鳞片，花头就长在这毛茸茸的茎秆上。叶子要到花谢了以后才会长出来。

仔细看看款冬的花头，你会看见中间大约有四十朵圆圆的小花，它们是有花粉囊的，还有很大一滴花蜜。而它们的周围还有大约三百朵小花，每一朵小花都有一片长长的黄色带状花瓣，在外围的这些花里面长着子房，子房上还有两个有黏性的小角。蜜蜂和苍蝇爬过外围的小花，去吸中间那些小花里面的花蜜，在它们爬回来的路上，就会把花粉带回来，粘在那些黏糊糊的小角上。

要是你能在树篱里面找到斑叶阿若母或是疆南星，我就来让你看看真正的捕虫陷阱。这种植物的花是绿色的，就像一个尖尖的兜帽，中间伸出一根紫色的小棍。我们常常把它叫作“白星海芋”，不过很多孩子叫它“讲坛里的牧师”。春天时，这种花会散发出一种很强烈的气味，苍蝇闻到以后，就会顺着紫色的小棍爬下去找花蜜。苍蝇们会爬过一排硬毛（见图6－2之1），这些硬毛会被昆虫压弯而让它们通过。接着，它们会爬过一圈红色的花粉囊（见图6－2

之2)，这些花粉囊还没有打开。然后，它们爬过一些没有用的子房（见图6－2之3)，最后终于爬到了带有黏角的真正子房（见图6－2之4)。

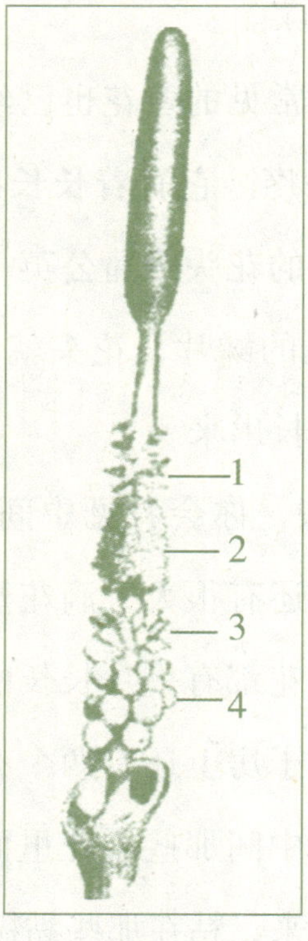

图6－2

1. 硬毛　2. 花药，也叫花粉囊

3. 无用的子房　4. 真正的子房

现在苍蝇们爬到了底部找起花蜜来。哎呀！这里并没有花蜜啊。它们想要再爬出去，可是那些硬毛又没法向上弯，于是就被困在里面了。苍蝇们在花里关了一两天之后，子房上的黏角就枯萎了，每一个黏角都流出一滴花蜜来，所以苍蝇也不算“被骗”了。与此同时，花粉囊爆开，花粉落到了苍蝇的身上。接着，雄蕊和那些硬毛也枯萎了，苍蝇又能出去了。

当苍蝇爬过枯萎的花粉囊时，就把剩余的花粉粒蹭了下来，沾在背上带去另一朵花的陷阱里。

要想亲眼看到这些，你就去找找“讲坛里的牧师”，从中选两棵：一棵是年轻的，花粉囊还是满的；一棵是年老的，花粉囊已经枯萎的。

课后作业：去找驴蹄草、小白屈菜、款冬和疆南星或是斑叶阿若母。

第七课　可以当菜吃的子房

植物的子房成熟以后，我们就称之为“果实”。我想你一定觉得把豌豆荚叫作果实有点怪，可是你如果想一想自己所知道的其他果实，就会发现其实它们都是子房。

苹果是苹果花的子房。醋栗里面有醋栗树的种子。坚果是坚果树结的果实。橡果则是橡树结的果实。

对于豌豆和蚕豆，我们吃的是果实里的种子。对于四季豆和红花菜豆，我们会把整个果实都吃掉，既吃子房，也吃种子。要是你到菜园子里走上一圈，肯定会发现有一两种蔬菜是整个果实都可以吃的。

大多数菜园子里都有个角落堆着落叶和垃圾，这是用来做温床的。落叶和垃圾堆上面盖着泥土，黄瓜和西葫芦就长在这里。黄瓜和西葫芦都是肉质的子房，里面满是种子。

你有没有看过西葫芦的花？它和园子里的许多花一样大，一样漂亮，但是我希望你能注意到它里面有一些奇怪的地方。

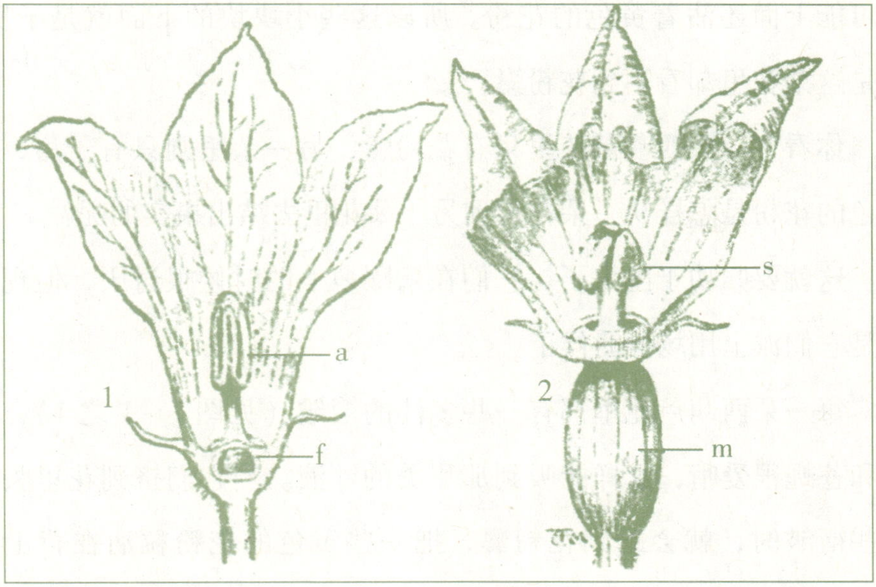

图 7－1　西葫芦的花

1. 有花药（a）和多汁褶皱（f）的花

2. 有西葫芦（m）和黏性柱头（s）的花

要是你看了好几朵西葫芦花，就会发现它们并不是全都一个样。西葫芦花都有浅绿色的花萼，花萼上有五个长长的尖头，还有很大的黄色花冠。可是有些花比较大，绿色的花萼底下已经开始长出小西葫芦了（见图 7－1 之 2），而另一些花稍微小一些，花萼底下就只有茎秆。过不了几天，小西葫芦就会长得更大，但是底下没长西葫芦的花儿就会凋谢了。

看看这些凋谢的花，你会看见花里面有几个满是黄色花粉粒的小袋子，已经被挤压成奇形怪状了，但是花中央却没长有黏性的小疙瘩。再去看看西葫芦头上的大花，里面有一些黏糊糊的小块块，很可能上面还沾着黄色的花粉。所以这些小块块的下面就是子房，但是这朵花里却看不到花粉囊。

你看，一朵西葫芦花里只有花粉囊，另一朵里则只有子房，那黄色的花粉是怎样从一朵花传到另一朵花里去结出果实的呢？

这就要归功于昆虫了。它们在糟蹋萝卜的时候很讨厌，但现在就是它们派上用场的时候了。

每一朵西葫芦花里都有一些多汁的褶皱（见图 7 - 1 之 1），蜜蜂和苍蝇很爱啃，这样能吸到那甜美的汁液。当它们挤到花里去咬这些褶皱时，就会蹭到花粉囊，把一些黄色的花粉粒沾在背上带走。然后，它们再到大一些的花里去咬褶皱时，会擦过那些有黏性的小块块。黄色的花粉粒沾在小块块上，于是西葫芦的胚珠就有了花粉，能够长成果实了。

黄瓜花也分两种，跟西葫芦的花一样。也许现在你知道为什么菜农天天都会留心打开棚架了，他不仅要让新鲜空气进来，还得让昆虫们有机会飞到花里来。要是虫子们不来，花粉就没法从一朵花传到另一朵花里。有些菜农会自己摘一朵有黏囊的花，然后在大花的小黏块上摩擦，这和昆虫所做的是一样的。

南瓜、西瓜和葫芦也像黄瓜和西葫芦一样，都有两种花。

还有一种果实我们也是当作蔬菜来吃的，那就是漂亮的西红柿，它看起来就像暗红色的苹果。二月份的时候，把西红柿的种子撒到盒子里，在上面盖一块玻璃，把盒子放在暖和的厨房里。等小苗长出两三片叶子的时候，将每一棵小苗都移到一个装着沙土的小盆里。

要多给小苗浇水。到了五月份，把花盆搬到室外，放在温暖的角落里。等到小苗长得硬一些了，就在朝阳墙脚下的菜地里或是小路上挖一个深深的小坑，在小坑里装满肥料和泥土，再把小苗从盆里移出来，种到坑里。小苗们会背着墙长高，结出好吃的西红柿来。不过你千万要小心鼻涕虫和蜗牛，它们和我们一样爱吃甜美的西红柿汁呢。

西红柿果实长大以后，如果天气已经变冷，它们就没法在室外成熟，你可以把它们摘下来，放在厨房的架子上，等它们变红以后就可以吃了。

课后作业：把西葫芦以及黄瓜上的两种花采来。把西葫芦、黄瓜和西红柿的果实摘来。

第八课 包 菜

当春天的花儿渐渐在田野里开放时，农民伯伯们就会在菜园里辛勤劳作了。三月——或者还没到三月，包菜、花椰菜、芽甘蓝和菜花的种子就会被安置在整齐的苗床上了，不久以后还要被移植到外面。一排排的春萝卜也已经种下了，还有拌沙拉吃的小萝卜和芥菜。

这些菜同属一个家族（十字花科），它们的花都是十字形的。这种十字花科的植物对菜农来说用处很大，它不仅包括花园里美丽的桂竹香、紫罗兰和香雪球，还有小河里的水田芥。

但是种的包菜刚刚长出来，小虫子们就来了。它们虽然会帮着植物传授花粉结种子，但是也会在菜园里干坏事。五月初，菜还没长大时，你就会看到翅膀上有两个黑点的白色菜粉蝶在园子里到处飞来飞去了（见图 8 - 1）。

你猜它是从哪儿来的？一整个冬天，白色菜粉蝶都把身体包裹在一层硬硬的胶质里面，在它扭动着蜕去毛毛虫的外皮时，这层胶质就会把自己包起来，然后用丝把自己缠在老的包菜梗上，或者也可能藏在栅栏的裂缝里。

图 8－1　包菜和菜粉蝶

眼下阳光暖和，白色菜粉蝶就飞出来产卵了。它自己并不吃包菜，只是从花里吸花蜜，不过在它还是毛毛虫的时候，就只有靠吃包菜叶子过活了。所以它把卵产在包菜叶子底下，这样幼虫一孵出来就能找到吃的。

田野里的蛱蝶会把卵产在荨麻底下，因为它的幼虫要吃荨麻叶。它们在叶子底下织一个小小的帐篷，晚上就飞回来，你在这里也许能看见它们。

如果你不想包菜被毛毛虫们吃掉，就得到包菜叶子底下去找白色菜粉蝶的卵。这些卵很小，不过只要两个星期的时间就会孵出小小的绿毛虫来，它们身上长着黑色的斑点，背上还有一道黄色的条纹。

毛毛虫们吃呀吃呀，大约要吃上一个月，到了七八月份，它们就会爬到植物上或是栅栏上去，用丝把自己缠在上面，在那儿一直待到第二年春天。然后，一只一只的蝴蝶就飞出来，到新鲜的包菜上产卵了。

冬天的时候，要是你在自家的菜园和棚屋里很仔细地找，到处都找遍，连栅栏也挨个找过来，没准能找到这些虫蛹，把它们除掉，这样你的包菜就不会长毛毛虫了。

不过，如果你在死毛毛虫的旁边看见一些白色的个头跟大麻籽差不多大的小球，可千万当心，别把它们弄坏。这些是一种小飞虫的茧，它会把卵产在白色菜粉蝶的毛毛虫体内，卵孵出以后，小飞虫的幼虫就会在里面吃毛毛虫。

这很有意思吧？白色菜粉蝶从花里吸取花蜜，为花儿传递花粉，把卵产在包菜叶底下，然后死去。毛毛虫吃包菜，可是也许会飞来一种小虫，把卵产在毛毛虫体内，小虫的幼虫又吃毛毛虫。还没等到毛毛虫变成蝴蝶的时候，它就已经死去。

还有很多动物也会吃咱们的包菜。蜗牛和鼻涕虫很喜欢绿色的蔬菜，喜欢吃萝卜的长足象虫同样爱吃包菜根。要想阻止这些敌人，最好的办法就是把菜地弄干净，将杂草都除掉，一看到虫子就捉起来。

课后作业：找一些十字花科的植物（花是十字形的），能找到什么就找什么——桂竹香、屈曲花、紫罗兰、野芥子、萝卜和正在结籽的包菜类植物。再试试看把菜粉蝶的虫蛹找出来。

第九课 植物是怎么保护自己的

五月里，灌木树篱上就开满花儿了。河岸上和树林里的隐蔽处，你会看到野生的风信子，孩子们把它叫作“蓝铃花”。你还能看到红色的仙翁花以及好看的银柴胡。银柴胡的花儿就像纯白的小星星一般，叶子又尖又长，孩子们又叫它“脆小子”，因为它的子房成熟以后只要一捏就会断。银柴胡有很多种，其中有种开小花的叫作“繁缕”。

满地的金凤花把草地染成了金色，勿忘我映蓝了水渠。开着小蓝花的婆婆纳或是卵子草几乎随处可见，这是一种杂草，茎秆很细很软，看到那四片蓝色的花瓣你就能认出它了，花里有两根雄蕊像牛角一样竖着。过不了多久，高高的绣线菊在小溪旁和湿地里开出一串串的小白花，漂亮的小小的鸟足豆也点亮了树篱和田野。这种小花你一定很熟悉。它长得很矮，就像是小号的黄色豌豆花。每个花柄顶端有四五朵小花，花蕾上还有鲜艳的红色条纹。它的豆荚成熟以后，就会像小鸟的脚趾一样散开。

这些花你都能够在田野和树篱中看到，还有许多其他的花。现在你已经知道怎么找子房和花粉囊了，我敢肯定你只要留心，就能看到苍蝇、蜜蜂和甲虫来吸花蜜和传递花粉。

要是你已经看过，并且一直都注意观察的话，你会发现有很多其他动物也来吃这些花花草草，可它们并不像蜜蜂这么有用处。牛吃草的时候，会大口大口地把它们的叶子吃掉；驴子会吃刺儿菜，兔子会在晚上出来啃嫩嫩的小树枝，还有小田鼠，会刨开泥土，啃地下的根和厚茎。

现在我就来跟你说说几种会保护自己的植物，也许你还能找到更多。首先是银莲花和草地上的金凤花。这两种花的叶子都有种苦味，吃到嘴里火辣辣的。要是你从长了很多金凤花的田野里走过，会发现牛羊都尽量不去碰它。即使它们会吃叶子，也绝不会去碰花儿，因为花儿还要辣得多。所以，这些植物就能保护自己不被牛羊吃掉。野生天竺葵的叶子也是这样，既不好吃，也不好闻。

还有蕨（jué）类植物，它们含有很多单宁酸，味道很苦。要是吃草的地方有欧洲蕨，牛羊是肯定不会碰的，所以蕨类植物也能保护自己。

小酢浆草吃起来很酸，婆婆纳的叶子吃了以后会让人口干舌燥，所以这些植物也不会被吃掉。最后是斑叶阿若母，它的浆果有毒，叶子有毒，地下茎也有毒，没有动物会吃它在地上的部分，聪明的田鼠也绝不会去啃它在地下的部分。

有些植物的茎秆上长着刺，比如荆豆。牛和马不爱吃荆豆，因为它们柔软的嘴巴会被刺破。这些例子只是一小部分，不过我不能再一一列举了，因为我想告诉你一件更有意思的事情。

植物希望蜜蜂和苍蝇到自己的花里来，因为它们可以把花粉从一朵花传到另一朵花。但是其他昆虫，像蚂蚁和蜘蛛，也爱吃花蜜，可它们只会爬，还没等爬到另一朵花里，它们身上沾的花粉就全都蹭掉了，所以就等于是白白地浪费了花蜜。

图 9－1　会保护自己的植物

1. 仙翁花　2. 泽漆　3. 起绒草

你知道这些植物会怎样保护自己，防范蚂蚁之类的昆虫吗？它们的方法各有不同。起绒草（见图 9－1 之 3）有一个大大的花头，里面满是花蜜，可蚂蚁却偷不走，因为起绒草的萼片是相互对称地生长在茎秆上的，一圈连起来就好似形成了一个小小的盆，里面汇集了露水和雨水，蚂蚁就爬不过去了。

有一种植物叫作剪秋罗，仙翁花（见图9－1之1）就是其中之一，它的花柄上通常都长着细细的绒毛，靠近花的地方还非常有黏性。当蚂蚁爬上来想要偷花蜜时，立刻就会被粘住，没法再继续前进。正因为如此，人们也常常把剪秋罗叫作“捕虫草”。

还有泽漆（见图9－1之2）。作为树篱里面很常见的植物，它开着很有意思的小绿花。这种植物的茎秆里有白色的毒液，当蚂蚁想要顺着茎秆爬上来的时候，它们的爪子会在茎秆上戳出小洞，于是毒液渗出，蚂蚁就会被粘在那里毒死。

我很想多跟你说一些植物保护自己的方法，比如用刺、绒毛和毒液，但你还是得自己去观察。

课后作业：观察泽漆、剪秋罗或者捕虫草、酢浆草、欧洲蕨、起绒草和野生天竺葵。

第十课　野生花卉与园林花卉

野外的植物如何生长，昆虫如何帮助植物结籽，植物如何保护自己不被敌人吃掉叶子或是偷走花蜜，这些你都已经知道了。

现在咱们来看一看花园里的花，看看它们跟田野里的野花有什么相似之处。花园里所有的植物原先都是野生的，是咱们把它们从世界上的某个地方移到花园里来，让它们的花开得更大、颜色更艳。有些花在英格兰仍然有野生的品种，另外一些则是从外国传进来的。

花园边上的勿忘我跟咱们在小路上看见的几乎没什么不同。雪花莲在英格兰的许多地方都长得很茂盛。德文郡的每一条小路边都开着漂亮的蓝色长春花，还长着亮闪闪的墨绿色叶子。咱们的花园里有大大的牛眼菊，玉米地里也有一模一样的。树篱里的忍冬和门廊棚架上的忍冬一样漂亮。

许多农舍的花园里都开着大朵大朵的紫色铁线莲，黄色和白色的菊花也很好看，这些花都是从国外传进来的。我以前认识一位老太太，她把菊花称作“圣诞颂歌”，我想她一定以为菊花是特意为了圣诞节才开花这么晚的。

图 10－1　野生三色堇（左）与花园三色堇（右）

黄色和紫色的三色堇（jǐn）很是漂亮，它们的花会开一整个夏天。乍看之下，三色堇花太大了，不像是野生的，你也可以到小路边采一点小小的野生三色堇（见图 10－1）。你要是看看花园三色堇的花里面，就会看到它的子房顶端长着很有趣的“鸟头”，就跟紫罗兰花里面的一样。所以，三色堇也叫“三色紫罗兰”，是地道的英国植物。

花园里肯定有一些黄色和褐色的西洋樱草，起初你会以为田野里没有这样的花，不过你要是采一些黄花九轮草，把它们跟西洋樱草比较一下，就会发现它们的各个部分都很相似。因为西洋樱草以前也是野生的，就像黄花九轮草一样。后来园丁们给它施肥，选出最好的种子，直到让它们有了如今这么鲜艳的颜色。

花园里的花通常都比野花要大，颜色也更漂亮，这是因为它们用不着费尽力气生存下去和多结种子。园丁把它们种在肥沃的地里，精心栽培，把最好的花结出的种子挑出来留待明年播种。

试试看，你也可以做到。尽管短短几年也做不了很多，但是你付出的辛劳会让花漂亮得多。你得仔细观察，将枯萎的叶子全都摘下来，经常把地面耙平，施足肥料，除掉杂草。然后，你要确定哪一棵植物开的花最好、最鲜艳，在这些植物的茎秆上系一块小小的棉布作标记，看到它们的子房成熟以后，就把它们的种子留下来明年播种。经过两三年的时间，你的花就会比以前漂亮多了。

石竹和康乃馨是咱们花园里最香、最美丽的花，它们属于石竹科。你住的地方也许没有野生石竹，但是会有仙翁花和剪秋罗，这些也属于石竹科。

要是把仙翁花、剪秋罗和石竹进行比较，你会发现它们都有细细的叶子，而且都是一对一对的，茎秆上长叶子的地方会鼓起来。它们的绿色花萼都很长，萼片的头很尖，有五片粉色或是白色的花瓣，边缘处参差不齐。花里有十根雄蕊，长在茎秆的顶端，中间还有高高的子房，上面有两三个黏角。

试着找出成熟的子房，子房的顶端会打开，尖头像花瓶口一样向外弯，一根小小的花柱直立在子房里面，种子就长在花柱周围。

你要是能在一朵花里看见这些，就可以肯定它属于石竹科了。

繁缕、银柴胡、剪秋罗、肥皂草、仙翁花和野石竹都可以在小路边找到。

不过，花园里肯定有一些重瓣（有多层花瓣）的花——石竹、桂竹香、紫罗兰和蔷（qiáng）薇。它们都有很多瓣鲜艳的花瓣，可是却几乎没有花粉囊或是子房，有的甚至完全没有。园丁们把花种在非常肥沃的地里，播种时专门挑那些花瓣多、雄蕊少的花种子，这样就培育出了重瓣花。

田野里的植物就很少有重瓣的了，它们必须多结种子。要是你把重瓣花移栽到贫瘠（jí）的地里，让它自生自灭，它的后代就会变回单瓣花。不过园丁们想要花漂亮，所以他们种的蜀葵、大丽花、芍药和报春花既有重瓣的，也有单瓣的。

课后作业：比较野生蔷薇和花园蔷薇、野生三色堇和花园三色堇、黄花九轮草和西洋樱草、石竹和仙翁花。

第十一课　蔷薇科植物和它们的果实

六月，犬蔷薇开花了，它们从树篱里伸出粉色和白色的花朵，十分漂亮。尽管这种花有刺，你还是可以设法剪下一枝带到学校来。咱们今天就来学学蔷薇科的植物。

不仅仅是蔷薇，我希望你能从树篱和花园里摘很多花儿和果实带来。你还记得吧，咱们最好的蔬菜中有一些是十字形的花结出来的。现在你会看到，最好吃的水果中有一些是蔷薇科的植物结出来的。

从树篱里剪一枝野蔷薇，一定得是野蔷薇，你知道咱们花园里的蔷薇把大多数雄蕊都变成花瓣了。再剪一枝黑莓，上面最好带一朵黑莓花。然后到下面的河岸上剪一枝野草莓，尽量找上面有熟草莓和草莓花的。因为有一种叫作“委陵菜”的植物跟野草莓很像，所以你要是没看到野草莓，就有可能误把委陵菜摘来了。

接下来，从花园里把草莓、悬钩子、樱（yīng）桃、李子、青苹果和梨子各摘一个来。咱们现在有好多水果啦！也许你还能摘来桃子、枸杞、榅（wēn）桲（po）、油桃和杏子，这些水果也是蔷薇科的，不过我不指望花园里这些全有。

图 11－1　蔷薇科植物的果实

1. 山楂　2. 悬钩子　3. 黑莓　4. 草莓

首先，咱们来看看它们的花。你会发现山楂（见图 11－1 之 1）的花萼非常深，五片绿色的花萼伸出长长的尖头。如果是犬蔷薇呢，它的花冠就是由五片漂亮的粉色花瓣组成的。这些花瓣都没有连在一起，所以你可以从花萼上把它们一片一片地扯下来，不会影响到其他的花瓣。把花瓣全都扯下来以后，你会看到花萼的边缘上有很多很多花粉囊。

现在咱们来找找它的子房。它们那有黏性的尖头都从花萼里伸了出来，不过你得把花萼撕开才能看到里面的子房。所有的子房都是分开的，各自带有一根有黏性的尖头。

再来看看草莓（见图11－1之4）的花，它也有五片绿色的萼片和五片白色的花瓣，还有很多花粉囊，就像山楂一样。但是它的花萼没有那么深，子房都长在萼片里一个小小的凸起处上面。渐渐地，这个小凸起会膨胀起来，变得柔软多汁，而且还很甜，把小小的子房包在里面，就像针垫上的大头针一样。看看野草莓的小果子，再看看花园草莓的大果子，你就会看到子房了。人们常把这些干果核称为种子，其实它们并不是种子，而是小小的子房，每个里面都有一颗种子。

咱们接下来看看黑莓（见图11－1之3）的花，它跟草莓的花一样，子房也长在一个凸起处上面。不过等它的果实成熟以后，你会发现这个凸起并没有长大。黑莓的子房本身会变软，长成甜美多汁的小圆球。你可以把它们一个个地分开，每一颗里面都能看见一粒种子（见图11－2之1）。

悬钩子（见图11－1之2）和黑莓很像，它那小小的红色子房里也有很多汁水，但是却从凸起处脱落下来，你可以把它们扯下来，就像取下一顶帽子一样，只剩下了尖尖的白色凸起。

其他的果实又是什么样的呢？等到明年春天，李子树和樱桃树开花的时候，你就会看到它们的花跟蔷薇是同一种，不过它们每一朵花里只有一个子房。子房的外面会有很多汁液，里面有一层非常硬的壳包裹着种子（见图11－2之2）。所以你得先把外面这层多汁的果肉吃掉，再砸开硬壳，才能看到果仁或是种子。

图 11 –2　果实

1. 横向切开的黑莓花，一个个果实是分开的

2. 樱桃花，里面有一个果实和果仁

3. 横向切开的苹果，里面有五个子房

苹果和梨子可能会让你看不明白，除非你把苹果横向切开。苹果的中间有五个小小的子房（见图 11 –2 之 3），排列得就像一颗五角星，每一个子房里面都有一两个籽或是种子。这些子房就是我们所说的苹果核，绿色的花萼在它们周围长成厚厚的果肉，苹果上面还能看到萼片那已经干枯的尖头。苹果花里的子房也是分开的，最后花萼会在它们周围长成一个大苹果。

课后作业：将野蔷薇、开花的黑莓和野草莓各采一枝来，再把苹果、梨子、李子、樱桃、悬钩子和花园里的草莓各摘一个来。

第十二课　野芝麻和豌豆花

蜜蜂采蜜时，有一种植物是它很乐意看见的，那就是野芝麻。它可不在乎野芝麻的花是白色还是紫色，它只知道自己肯定能在花里找到花蜜，除非已经有别的蜜蜂捷足先登了。

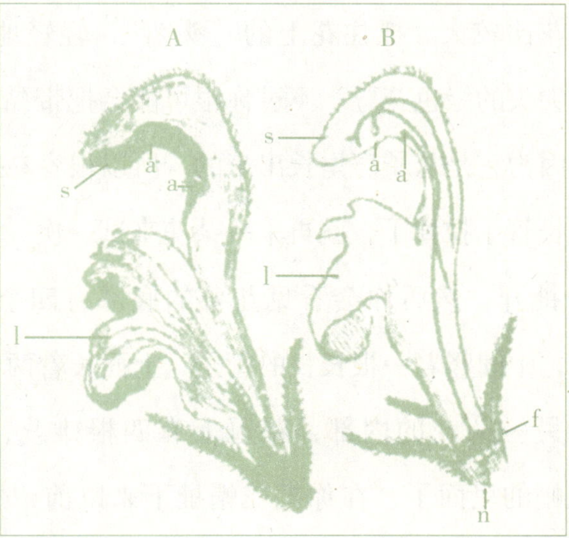

图 12－1　野芝麻花

A. 野芝麻的花　B. 野芝麻花的横切面

a. 花药　s. 柱头　f. 有绒毛的边缘　n. 果实或子房　l. 唇瓣

野芝麻一般都能找到很多，因为它们的叶子不好吃，看起来又很像荨麻，所以几乎没有动物会吃它们。

真正的荨麻只会开小绿花，而野芝麻的茎秆上到处都会开出一串一串的红花或是白花，每一对叶子的上方都有。花的形状很像头盔，前面垂下一个很宽的唇瓣，唇瓣中间有一道深深的“V”形槽口。

野芝麻的茎秆不像大多数植物那样是圆形，而是有四面的正方形。根据这一点，即使它不开花，你也不会把它跟荨麻弄混淆了。野芝麻的叶子很粗糙，一对一对交错而生，每一对都跟下面的一对叶子交叉开来，就像我们在第二课里看到的那样。

咱们来看看野芝麻的花（见图 12 –1 之 A）。你最好是采一朵白花来，因为白花比较大。抓住花上的“头盔”，轻轻地把它拉下来，只剩下有五个尖头的绿色花萼。不过你很可能会把带黏角的长管子也一起拉下来，因为它是从子房里长出来的，所以很容易掉下来。

如果你把长管子拉掉了，就再采一朵花来试一次，非常非常小心地把“头盔”扯开，然后你会看见花萼的底部有四个小小的子房，就像坚果一样，中间竖着一根长长的管子，上面长着两个黏角。

现在看看另一朵花的内部，花冠上有四根雄蕊，其中两根很长，都伸到花帽的里面了，在你把花帽扯下来以前，黏角也离花帽很近。管子的底部有很多花蜜，但是爬虫们却吃不到，因为管子里有一圈厚厚的绒毛，挡着爬虫不让它们进来。

蜜蜂来采蜜时，将自己的身体挤过这些绒毛，一边吸花蜜，一边将花粉囊上的花粉蹭了下来。然后，它再去另一朵花里，将花粉沾在黏角上。有很多花都像野芝麻一样有唇瓣，薄荷、鼠尾草、香脂草、百里香、胡椒薄荷、薰衣草、迷迭香，还有树篱里漂亮的蓝色和白色筋骨草，全都是有唇瓣的。它们都有四方形的茎秆、对生的叶子和四个小小的子房，根据这些你就能认出它们来了。

在鼠尾草里，花粉囊在一根杆子上摆来摆去，蜜蜂的脑袋会碰到低的那一头，但是另一头是空的，然后一整个花粉囊就会掉到它的背上（见图 12－2）。

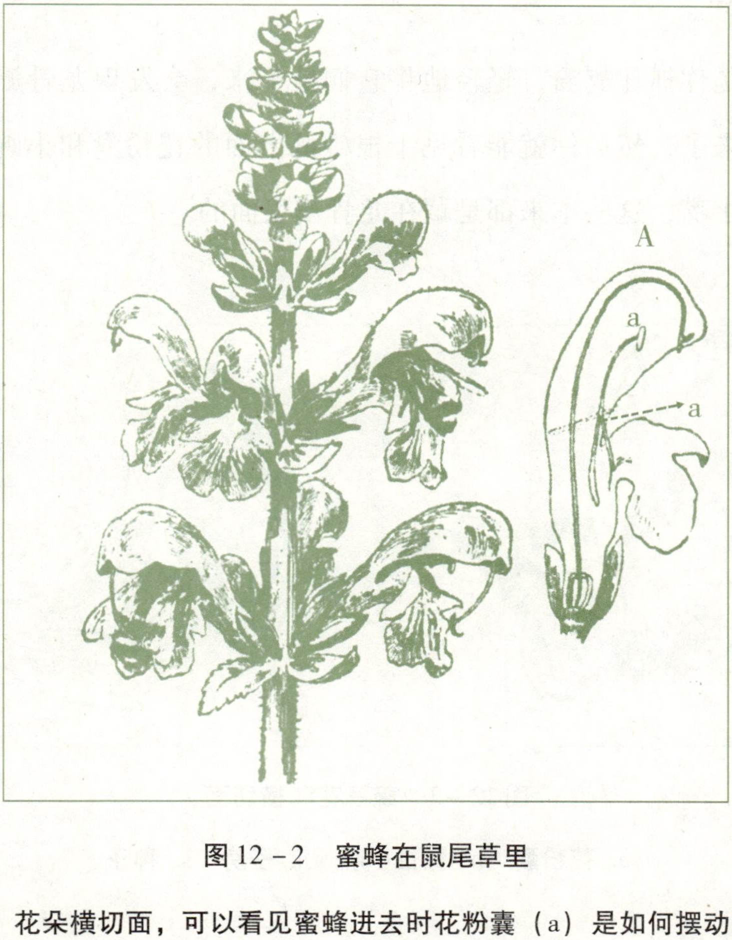

图 12－2　蜜蜂在鼠尾草里

A. 花朵横切面，可以看见蜜蜂进去时花粉囊（a）是如何摆动的

蜜蜂也很喜欢豌豆花，因为在里面肯定能找到花蜜。晴朗的早晨，你会在菜园里看到蜜蜂沿着一排排豆子和豌豆嗡嗡地飞去，只有把脑袋伸进花里时才会停下来。

采一朵豌豆花，咱们来看看它是啥样的（见图 12 –3）。豌豆花的最外面是一片大花瓣，大花瓣的中间深深地凹了下去。这就像竖起了一面旗帜，告诉蜜蜂这儿有花蜜，所以这片大花瓣被称作“旗瓣”。大花瓣的下面是两片小一点的花瓣，交叠在一起，叫作“翼瓣”。这两片翼瓣之间还有两片花瓣，连在一起就像船尾，称为“龙骨瓣”。

要是你抓住翼瓣，轻轻地将它们扯下来，会发现龙骨瓣也一起被带下来了，然后你就能看见十根雄蕊上面的花粉囊和小豌豆荚上的黏性小嘴，这些本来都是藏在龙骨瓣里面的。

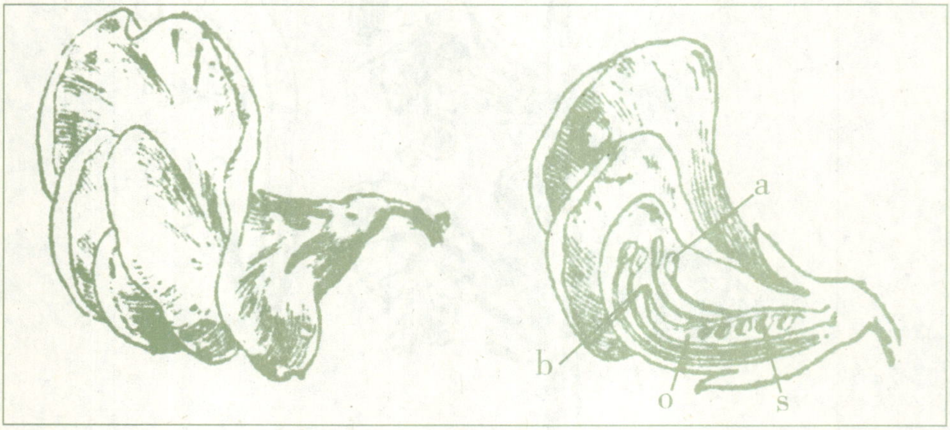

图 12 –3　豌豆花和横切面

a. 花粉囊　b. 黏性小嘴　o. 子房　s. 种子

把花瓣一片一片地分开，你就明白为什么龙骨瓣会跟着下来了。每一片翼瓣里面都有一个小圆球，刚好能放进龙骨瓣侧面的凹陷处，很有意思吧？当蜜蜂停在翼瓣上时，它的体重会把翼瓣压下去，翼瓣又会压到龙骨瓣，花粉囊就会弹到蜜蜂的胸部。这样一来，它去下一朵花里的时候，身上就已经沾满了花粉。

野芝麻那样的花有很多，豌豆花这类的花也有很多。漂亮的黄荆豆，小小的车轴草，还有树篱里的那些大巢菜，都属于这一种。我们拿来做干草的漂亮三叶草也是这种，它的每一个花头上都有一串小花，形状跟豌豆花一模一样。

花园里的金链花、菜园里的红花菜豆和蚕豆也是这一科的。

课后作业：仔细查看野芝麻、薄荷、百里香、鼠尾草的花，看看鼠尾草那有趣的摇摆花粉囊。再仔细看看豌豆花、荆豆花、巢菜和鸟足豆的花。

第十三课 攀缘植物

在摘豌豆和红花菜豆的花时，如果你仔细观察的话，一定会注意到它们都爬在我们专门为它们竖的小树枝上。不过我敢说你没有想过它们为什么要爬到上面，或者是怎么爬到上面的。

要是你把小树枝拿走呢，它们就会掉到地面上，乱七八糟地缠作一团，因为豌豆和红花菜豆的茎秆又细又柔弱。要是全都散落到地面上，它们没法获得足够的阳光和空气，就会在其他植物底下闷死了。所以它们就学会了爬到树篱上、树枝上，或者干脆找到什么就爬什么，好把自己举起来朝着天空。

这就是它们攀缘的原因，现在咱们来看看它们是怎么爬上去的。这两种植物的攀缘方式还不一样呢。

在豌豆茎上，很多原本应该长叶子的地方却长着卷卷的小绿丝，这些小绿丝紧紧地缠在树枝的细枝上，就像小宝宝紧紧拉着妈妈的手指一样。我们把这些绿丝称作“卷须”，它们将植物支撑起来接触阳光和空气，也让花儿开放在蜜蜂能够找到的地方（见图13－1）。红花菜豆的攀缘方式就不是这样了，它们不是用叶子，而是将茎秆本身缠绕在树枝上。

图 13－1 用卷须攀缘的豌豆

顺着树篱一路看过去，你会发现很多攀缘植物，它们把茂密的灌木丛当成了田埂，在上面开枝散叶、开花结果。它们中有铁线莲，也叫“山木通”。它并没有把叶子变成卷须，也不是用茎秆来缠绕，而是将叶柄紧紧地盘在细枝上，这样叶子就从叶柄的末端伸了出来。它那漂亮的绿花也是这样开满了树篱的顶部，渐渐地，羽毛似的子房像老人的胡子一样垂下来，就垂在能够被风吹走的地方。

我想你一定认识牛筋草（见图 13－2），它又叫“猪殃殃”，在小路上长得到处都是。它那细细的绿叶呈五角星形长在茎秆周围，花是白色的，很小很小。茎秆、叶子和子房全都长满了小小的钩子，你摘下它的时候，它就会紧紧地钩在你手上。茎秆也很柔弱，所以它要攀附在强壮的其他植物上让自己立起来。

图 13－2　牛筋草

黑莓和其他的悬钩子属植物也是这么攀爬的，野蔷薇则是用刺来攀缘的。沿着灌木树篱再走远一点，你也许会看到野生的蛇麻子，它的茎秆每年都会枯死，春天再重新长起来。但它还是成功地绵延了很远，因为它把茎秆缠绕在细枝和小树上，而且只要找到什么就会缠上什么，将它那心形的大叶子伸展开来。蛇麻子的花儿会让你有点迷惑不解，因为它的花粉囊和子房不会长在同一棵蛇麻子上面。

图 13－3　缠绕在茎秆上的忍冬

在门廊上或是栅栏上可以见到忍冬，它也是用茎秆来攀爬的（见图 13－3）。有时候它会缠绕在小树枝上，缠得很紧，结果在被忍冬捆紧的地方，小树枝都没有办法生长了。所以它就只有这样往上长，仿佛小树枝上绕了一道彩带。

有一种漂亮的植物叫作“巢菜”，又叫“野豌豆”，它的花就像缩小的豌豆花。它们用卷须爬得到处都是。我想这些花你都能找到的，还有旋花，它们会缠绕在所有的植物上，就连咱们的醋栗和醋栗灌木也不放过，把它除去的时候要非常小心才行。我不知道你能不能找到菟（tù）丝子，这种植物很有意思，你一定得到公地上去找找它，它会攀爬在石楠或荆豆的灌木上。菟丝子的茎秆虽然细，却很结实，上面开着一串串粉色的小花。它根本不长叶子，可是没有叶子来制造养分，它是怎样生存的呢？菟丝子缠绕在荆豆、石楠或是三叶草上面，将自己的根扎进它们的茎秆，吸取现成的养分！

葡萄和漂亮的五叶爬山虎将它们那小小的树枝变成了用来攀缘的细丝。你家的墙上就很可能长了五叶爬山虎，它们到了秋天会变成红色。有两种爬山虎的攀爬方式很是有趣。一种是这样的，它们的细丝或者卷须一碰到墙壁，尖端就会变红，膨胀成小小的垫子。这些垫子紧紧地贴在墙上，就连树枝死了以后，你也要用力才能把它拉下来。另一种如常春藤则是用茎秆上到处都有的小根来攀缘的。

现在植物攀缘的四种妙计你都已经知道了，分别是用钩子、用细丝、用根和用整个植物自身去缠绕攀爬。试试看你能找到多少种。

课后作业：把每一种攀缘植物各找一棵来。

第十四课　植物如何储存养分

有些植物只能活一年，有些能活两年，有些能活许多年。

你有没有发现，每一年你都要在花园里重新种上木樨（xī）草、驴蹄草、豌豆和豆子，除非你把秋天长出的幼苗给保留下来。在田野里，小麦和燕麦只能活到谷粒成熟的时候，如果它们被留在地里的话，不到冬天就会慢慢地枯萎了。

繁缕、虞（yú）美人和咱们的老朋友荠菜也是这样，种子成熟的时候就是它们生命的终点。这些植物就像那些过一天算一天的人，今天挣的钱只够今天花，没有办法为将来储蓄一点。

不过如果你希望让美国石竹或是风铃草在今年夏天能开花，那你前一年的夏天就得把种子种下去。因为这些植物第一年是不开花的，只会长出根和一小段茎秆，上面长着叶子。它们忙着制造养分，再把淀粉、糖分和胶质之类的养分储存在根和茎里，为第二年的花儿怒放作好准备。开了花，结了种子以后，这些植物就会死去。它们储存的养分只够活这短短的一生，没有办法再多活一年。毛地黄、刺儿菜和野生西芹都是这样的。

雪花莲、番红花、雏菊、报春花、三色堇和大丽花都能活很多年，这你是知道的。它们秋天时枯死，来年春天就又发芽了。这些植物把淀粉和糖分输送到根里、茎秆的下半部分或者是地下的叶子根部。

它们中有些植物要两年以上才会开花，很像那些年轻时就存钱的人，他们一直都在储蓄，所以手里就总有余钱。

有时候，你也可以让植物储存养分。种一些木樨草，把其中一棵移到花盆里，总是把花蕾掐掉，不让它结籽，它就会长成一棵小灌木，能连续两三年都开花。

不同的植物会把养分储存在不同的部位。野生的胡萝卜和会长成橡树的橡果把养分储存在根里。胡萝卜的根是肉质的，只能活两年；但橡树的根是木质的，可以活很久。

你还记得小白屈菜吧，它把养分储存在白色小块块里面，就像一颗颗白色的小糖果，这些都是膨胀的根，顶上还有一个芽。驴蹄草和河边那漂亮的黄菖蒲会将养分储存在地下的茎里。你顺着驴蹄草的茎秆往下看，一直到接近根的地方就会发现很粗的疙瘩，它能活过整个冬天，到了春天就长出新叶来。

要是你能找到很长的一段黄菖蒲地下匍匐茎，就会看见它年复一年长出花茎的地方都有标记，它们在茎秆上一个接一个，一直延续到今年长出来的那一棵，后面则是明年的小芽。

有一种非常漂亮的植物叫作萎蕤（ruí），英格兰的一些地区有野生的，也常常有人把它种在农舍的花园里。它那高高的花茎上长着细细的叶子，漂亮的白花上还有绿色的萼尖，这些花都长在茎秆的一侧。要是你把它的地下茎挖一块出来，就会看见上面有很多大大的伤疤，仿佛是一道一道的封印，茎秆就是从这些地方长出来的，年复一年，生生不息，所以这种花也被称作“所罗门的封印”。

你自己就能找到人们称之为报春花根的大块地下茎和上面的芽，所以我现在想要给你看的是地下芽，也叫“球茎”。去挖一棵野生的风信子——它也常常被称作“蓝铃花”，你会看到它的底部有一个大大的疙瘩，小小的根就是从这里面长出来的。把这个疙瘩切成两半，你会看出这个球茎是由一片一片叠在一起的鳞叶组成的，跟洋葱一模一样。

如果你是在春天把它挖出来的，花茎就会从正中间长出。把鳞叶一片一片地剥下来，你能看到还有一个很小很小的芽紧挨着花茎的底部。如果你是在秋天把它挖出来的，花茎就已经枯萎了，而那个小芽则会从球茎的顶部冒出来。

风信子就是这样的。花凋谢以后，叶子会长得更长，然后制造养分，再将养分输送到地下的鳞叶里。球茎长得又大又壮，里面的小球茎也长大了，它已经作好静静地睡上整整一冬的准备。等到春天来临的时候，小球茎就会从厚厚的鳞叶里吸收养分，再长成一棵风信子。

课后作业：带六种植物来——两种将养分储存在根里的，两种储存在地下茎里的，还有两种储存在球茎里的。

第十五课　地下的蔬菜

现在你能明白咱们是怎么从菜园里收获到这么有营养的蔬菜了吧。蜜蜂从植物的花里获取花蜜和花粉，而我们则是获取糖分、淀粉和其他营养，这些都是植物储存在叶子、地下茎和根里的。

胡萝卜、欧洲防风草和甜菜根都是头一年把养分储存在根里，第二年再开花。所以第一年我们把它们种下，让它们好吃好喝，等到它们储存了很多美味的养分以后，我们就在开花以前把它们拔出来吃掉。

要是你能在地里留下一棵这样的植物，让它长到第二年，你就能看到它开花结果了。不过，如果你春天早早就把萝卜种下，一整个夏天都不拔出来，它会第一年就开花的。所以我们在六七月份时才种下很多萝卜，这样等到冬天我们想吃它的时候，它还没有开花呢。

我仿佛听见一个小男孩在说："她把土豆给忘了。"不，我可没有忘。不过土豆跟胡萝卜和萝卜可不一样，它不是根。把土豆切开，你会看见里面有一些黑点，这叫"芽眼"。实际上，如果你把土豆洗干净了仔细地看，即使不切开也能看见芽眼。

每一个芽眼都是一个小小的芽，有一个长出的小尖头和叶芽。你知道根上是不长叶子的，只会在顶上长一个芽，茎秆就从这里长出来，所以土豆并不是根。

下一次你把土豆挖出来做晚餐的时候，在把土豆拿下来以前，仔细地看一看它的根。你会看见每一个土豆都长在一根白色茎的末端，一点儿也不像根。因为土豆其实是地下茎末端的肿块。这是一种块茎，就像洋姜一样。

把土豆或者洋姜切成一块一块的，每一块上都留一个芽眼，那么它就会再长成一棵土豆或是洋姜，将养分输送到地下茎里，形成更多的块茎。土豆每年都会开花结籽，不过它的子房有毒，马铃薯这类的很多植物都是子房有毒的。长着黑紫色浆果的颠茄就是其中的一种。随便吃任何浆果或是其他水果都是不安全的，除非你知道它是否有毒。有很多浆果即使鸟儿能吃，对于某些动物和人来说却是有毒的。

土豆本身是没有毒的，只有绿色的子房里才有毒素。不过土豆要是得了病就会给我们带来很多麻烦，它的病是由病毒引起的，就像果酱上长的霉菌一样，这种病毒会侵蚀土豆。

在芹菜身上，我们吃的是它长在地面上的茎秆，但是我们会用土把它的茎给盖起来，好让它一直都是白色，因为植物见不到阳光就不会变绿。在芦笋身上，我们吃的是绿色的茎秆和顶端的嫩芽。我们没有吃的那些嫩芽到了夏天就会长出枝条来，上面还有漂亮的叶子和鲜艳的红色浆果。

洋葱、韭葱和青葱能吃的是球茎，或者是地下芽，就像风信子一样，它们在鳞叶里储存了很多有营养的成分。

现在咱们来看看，如果你想让根、球茎和茎秆长成美味蔬菜的话，就必须做到哪些事呢？首先，如果植物不需要很多水分的话，你就要排干地里的水，把根种得深一点，再把上面的土块敲碎，这样根就不会被硬土块给压住，也就可以茁壮地往上生长了。你还得往地里施一些肥料，千万留神要把肥料施在深一点的地方。各种蛆（qū）虫们也跟咱们一样喜欢胡萝卜和洋葱。你在秋天和春天翻土的时候，它们还睡在茧壳里，到处都可以看到。如果你把它们深深地埋到地里，等它们变成飞虫的时候，就没法出来产卵了。

还有一种办法可以对付这些害虫。每一种植物都有自己的天敌，它们就专吃这一种植物，有的只吃洋葱，有的只吃胡萝卜等等。所以，你在播种的时候如果把胡萝卜种在去年种洋葱的地方，把洋葱种在以前的欧洲防风草地里，那么当害虫孵出来以后，它在近处找不到相应的叶子来产卵，植物的根也就保住了。

对于胡萝卜和洋葱这样的植物，你一定要把它们的根和球茎用土盖好，在间（jiàn）苗以后也要重新把土地弄坚实。因为胡萝卜和洋葱的天敌都是把卵产在根或者球茎上的，要是它们不能找到根或球茎，根或球茎就安全了。

但是，讨厌的金针虫在地下蠕（rú）动着往前爬，找到什么就吃什么。要想对付它们，你就得让地里干干净净的——因为它喜欢藏在垃圾里面，最好再在土壤里混上一点盐或者石灰。要是它还来惹事，你就在地下埋几片土豆，然后在地面插上小树枝作为标记，等到了一大早，你就肯定能够在土豆片下面找到它了。

课后作业：带六种不同食用部位的蔬菜来——根，球茎，茎，块茎，叶子，花。

第十六课　种子的旅行

秋天来临，花儿凋谢，咱们也有事做了。咱们要把果实找到，再搞清楚它们是如何传播种子的。

有一些植物就把种子散落在附近。比如咱们看见的罂粟，它那坚硬的果实上面有个盖子，盖子底下有很多小孔，当茎秆弯下腰来时，种子就会从这些小孔里掉出来，在周围的地里生根发芽。

小路旁长着野生的天竺葵，它们的子房已经枯萎了，你看一看就会发现，每一个子房都是从底下向上卷曲的，中间那个有黏性的小疙瘩周围有五个小卷卷，种子却都已经不见了。

英格兰有些地区生长着野生的凤仙花，它们个头很高，开着黄花，农舍的花园里常常种着另外一种开红花的。它们的子房最有意思，成熟以后就会爆裂开来，将种子投射出去。要是你让朋友去碰成熟的籽荚，你可就有笑话看了，因为种子会“砰”的一声弹到他手里，把他吓一跳，所以人们也常常把这种植物叫作“别碰我”。

不过，植物希望自己的种子能传播得更远，比弹出去还要远。想一想吧，灌木树篱中有多少种花挤在一起。如果所有的种子都落在附近，那么它们就会阻碍彼此的生长，所以植物会尝试一切办法来传播种子。

我敢肯定，你在放学回家的路上，一定吹过毛茸茸的蒲公英种球。下一回你再吹的时候，注意看看其中一个飘浮的“小信使”。你还记得吗？咱们看蒲公英花的时候，发现它是一个花头上面长着上百朵小花，每一朵花的底部都有一个椭圆形的子房，子房上面还有几根小绒毛和一条长长的黄色花冠。

现在，黄色的花冠已经枯萎了，子房的上面变长了，顶端长着毛茸茸的萼片（参见图 5－4）。这些绒毛被风吹走时，也许会带着小小的果实飞过数英里，然后才落地生根。

刺儿菜、苦苣菜、千里光、起绒草和其他一些这类植物也有这样毛茸茸的种子。所以，如果你让它们在你自己的地里生长，就等于同时破坏了其他人的田地。

这就是植物让风传播种子的方法。

也有些种子会被小溪冲走，然后留在岸边，再有一些常常会被沾在鸟儿脚上的泥巴带走。

还有一个办法就是让子房上长出小钩子，好让动物把它们带走。牛筋草就是这样的。我们知道它的茎秆和叶子上到处都有小小的钩子，它就是用这个来攀缘的。它那小小的种子上也有同样的钩子，要是你抓一把牛筋草在手里，许多小小的子房就会粘在你的手指上。

还有一种“毛刺”要大得多，长在路旁的牛蒡上。牛蒡长得很高，长着心形的大叶子和粉色的花头，有点像刺儿菜。你回家的时候，衣服上常常会带着它的毛刺，狗和羊身上的毛也会粘上毛刺。

每个毛刺都是一个花萼，上面长满了小钩子。萼片长在一起形成球形，花儿从顶端露出来。要是你打开成熟的毛刺，就会看见里面有小小的果实。

所以，你和小狗还有羊儿都为植物传播了种子。

不过，最好的办法还是子房长成一个黑刺李、樱桃或是什么鲜艳的浆果，就像山楂树和忍冬的浆果那样。这样一来，鸟儿就会来将这些美味的水果吃掉，当它们把果子带去附近树上的时候，果核就掉在另一个地方了。或者在它们吃掉浆果以后，坚硬的种子无法被消化，就会跟它们的粪便一起落在远处。

黑莓和悬钩子的种子外面长着多汁的果肉，草莓那又小又硬的子房则会沾在多汁的凸起处上面，这其中的原因你现在都知道了吧。所有这些都是为了诱使鸟儿来把它们吃掉，然后传播它们的种子。

野蔷薇果也是如此，它那绿色的花萼长得又大又软，冬天到来时就变成了鲜艳的红色，这个季节能吃的东西可不多。于是鸟儿就会来啄食花萼，里面的子房便沾在鸟嘴上，或者被吞下去，从而被带走。

在严寒的冬季，冬青果、槲（hú）寄生、野蔷薇果和山楂果，还有紫杉（shān）和忍冬的浆果，往往在圣诞节前就全部掉落了。不过我想你以前并不知道，鸟儿正在把它们的种子带到四面八方，下一年它们又会长出来。

如果你注意观察的话，就能学到很多这样的知识。能住在美丽的乡村，周围有花有鸟，多么幸福啊！呼吸的是新鲜的空气，里面带着花儿的芳香。摘的是自己种的花，吃的是自己种的蔬菜和水果，还能在自己的花园里看着植物一年比一年更漂亮。

课后作业：试着找找野生天竺葵、黄色凤仙花、蒲公英、千里光、刺儿菜、起绒草、牛筋草、牛蒡、蔷薇、山楂树、忍冬、紫杉和其他植物的果实。

树丛乐园

目 录

第一课　树木的价值

不知道你是否曾静下心想一想，树木在世界上发挥的作用是多么的巨大。在《植物王国》中，我们已经了解到，植物使我们呼吸的空气更加清新。树上成千上万的叶子在这一过程中立下汗马功劳，当然它们还在很多方面都作出了巨大贡献。

不妨想象一棵小树在森林里或田野里成长的情景。在它长到一岁之前，就可能已经被兔子或者松鼠吃掉了。如果真是这样，它就为小动物提供了食物，也算实现了自身价值。但是如果它能顺利长大，在一岁那年，它会在秋天落叶。这些落叶将慢慢腐烂，给其他植物提供养分。

树木就这样年复一年地长出树叶，净化空气，制造腐叶。但是很快，昆虫就开始在小树苗上安家了。每种树上都可以见到一些昆虫住在上面。蛾子来了，在树叶下产卵，孵化出的毛毛虫又要吃树叶充饥。甲虫来了，在树皮里产卵，孵出的幼虫也在里面进食，直到长大变成甲虫，当然也可能中途被啄木鸟还有五子雀发现并吃掉。

从这个角度来说，每棵树都像一个小小的生物部落。随着它越长越大，还会有小鸟飞来，夜晚在枝头栖息，春天的时候还会在上面筑巢。榆树通常会被白嘴鸦选作鸟巢。树林里的冷杉是林鸽休息的好去处，也是老鹰和野鸡栖息时的优先选择。八哥和画眉喜欢在月桂树、冬青树还有其他的常青树上过夜。

当树长得比较大的时候，就开始开花结果了。它们的果实以及里面的种子都是很多生物的美味。小鸟会吃树上的浆果、坚果还有橡子。松鼠通常在山毛榉（jǔ）中筑窝，并且会把所有能找到的坚果都吃掉。掉在地上的山毛榉坚果和橡子是田鼠、刺猬和猪的美餐，我们人类则会直接从栗树和胡桃树上摘取果实，或者在果园里摘苹果、梨和樱桃吃。

看看树木对人类作出了多么大的贡献！它们有助于保持土地湿润，在有树的地方，雨水总是更加充盈。多亏了它们那舒适的树荫的遮蔽，大地才没有被晒得又干又焦。当炎炎烈日普照大地的时候，牛群就聚集在树荫下。你看它们是多么舒心地站在那里反刍（chú）啊，完全不受刺眼阳光和滚滚热浪的影响。当你去上学的时候，如果能走在一条林荫道上，而不是步行在头顶没有树叶遮蔽的公路上，将是多么愉快的事情啊！

春天的树木非常迷人。看到枝头冒出新鲜的绿叶，会令人非常开心，因为这意味着每一年树木都会重新开始生长。另一方面，有些树已经很老了，差不多有几百岁了。它们会让我们想起那些久远的年代。当我们开始倾听这些树诉说的漫长历史岁月时，就会更加热爱自己的国家。

但是树木终究也会死去。更残酷的是，如果它们对人类还有使用价值的话，我们必须在它腐朽前把它砍掉。树木死去之后，发挥的作用更是巨大！

咱们一起来看看在普通的一天中，树对你的价值有多大。在英国，清晨起床后的第一件事就是用木头生火。坐的椅子是木材制成的，打开的门也是木制的。就连雨伞，它的把手也曾是一棵树的枝干。你还要上楼去拿书包，别忘了，楼梯也是木板做的。最终你出发去学校了，路上要穿过一条小溪：瞧，桥也是木头筑成的呢。你还要小心地把牧场的门关好：看一看，这门也是利用树做成的。包括学校周围的栅栏也是木头的。

你走进教室坐到自己的位子上。你放脚的木板取自冷杉树，你坐的是木头长凳，你用的石板镶着木框，你的笔装着木柄，你的老师举起木制黑板架，上面装着木制黑板。她打开墨水瓶挤墨汁，瓶塞是用树皮做的，墨水是用酸性物质制成的，这种酸性物质也是提取自橡树上昆虫的胆汁。

午餐时间到了。当然，你这会儿肯定不想吃木头，但会取出你的午餐篮，从里面端出你的饭菜。这个篮子可能是由小木片制成，或者由柳枝编成。你吃的点心是用面团做成的，你妈妈会把面团放在木板上，用木头擀（gǎn）面杖慢慢搓揉。

放学后，你可能会顺便搭乘一辆农用手推车回家——这车也是用木头制成的。到家后，你给家里花园拉肥料时，用的独轮手推车是由木头制成的。你会把学习资料和用品都收拾好，放在墙角破旧的橡木柜子里。晚餐后你就上床睡觉了。当你躺在床上的时候，抬头就看到横穿房顶的老横梁，渐渐就进入了梦乡，梦里全是木头。

你还可以再列举更多我没提到的东西。即使说了这么多，我还没提到树胶、松脂、油料、单宁酸以及我们从树上提取的很多香料。我们也没说到船和火车车厢，更没有列举我们教堂里漂亮的木雕和其他公共建筑。所以可以确信，如果没有了树木，世界将会变得很糟糕！

课后作业：除了本课谈到的这些木制品，再举一些类似的例子。

第二课　小树如何长大

一些植物比其他植物活的时间更长。有些植物只能活一年，我们称为“一年生植物”，而另一些能活两年：第一年它们会生根，发出新叶；到了第二年，就有花长出来，为它们留种。我们把这类植物称为“两年生植物”。至于那些能活很多年的植物，就被称为“多年生植物”。树木是多年生植物，因为它们能活很多年。有些橡树能活一千多岁呢。

不过所有的老树都是从小种子开始慢慢长大的，这些小种子和你种在花盆里土壤表层的豆子一样大。可它们是如何活这么久的呢？我们通过观察一株幼苗就能了解得很清楚了。

如果你在树林里四处寻找，很容易就能发现一些小植物，比如橡树、山毛榉或者榛（zhēn）树。它们是从被人踩进泥土的小坚果或者橡子长出来的。我打算用橡树做例子，因为我家大门附近就有这么一棵，我可以拍张图片给你们看看。

如果你有一颗橡子，把它卡在瓶颈中，让它像待在自己果壳里一样，同时把瓶子装满水。这样你就可以亲自栽种一棵小橡树，然后看看你的橡树和我的长得是否一样。

首先，橡子会向下伸出一些根须，橡子的壳会慢慢地裂开，你可以看到有两片厚厚的子叶打开，中间有一个小小的芽尖在生长。这个芽尖正一点点向上长，很快就长出了叶子。开始可能只有一片，也有些会长出两片，一片在上，一片在下，分别位于茎的两侧。不过等秋天来了，小树苗的顶端一定会长出两三片叶子，并且紧紧靠在一起。每片叶子底端靠近茎的地方，会抽出一个小芽。在茎的末端会有一个粗壮的芽，比其他的都要大。

橡树与我们在《植物王国》里种的豆子之间的不同之处在于，橡树的茎是木质的树干。如果你能从树林里再找到一棵年份相似的橡树，把它的树冠切断，就会看到这种图形。在中间有一个圆形的白色斑点（见图2－1之p），这就是树心，或者称为柔软部分。你想做玩具枪的时候，可以从一棵上了年纪的大树树干中把它挖出来。接下来的是一圈柔软的白色木质部即年轮（见图2－1之w），它的外面又是树皮（见图2－1之b）。

你应该已经知道，含有木质的水会从根部上升，一直传输到叶片，为其提供养分。水透过不断生长的木质部向上流动，当它再次回流到这里时，将在木质部与树皮相接处生成新的木质部与树皮。你肯定知道，想把树皮剥下来一点都不难，因为两者之间是这些新生的柔软部分，很容易分离。但是只要秋天来临，树根就会停止吸水。我们所说的天然树液也不会再向上传输。叶梗与茎的相接处慢慢干枯，然后树叶就飘落下来了。

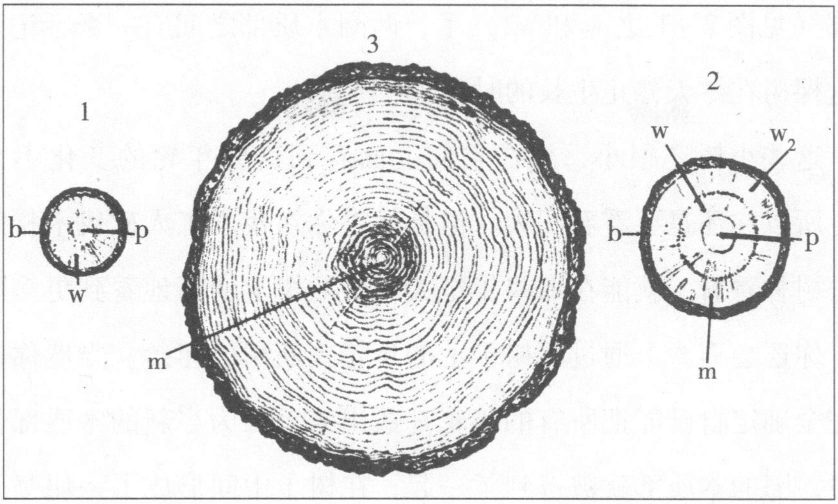

图2－1　橡树枝干的横切面

1. 第一年的嫩枝　2. 第二年的嫩枝　3. 带有年轮的老橡树树干

p. 树心　w. 木质部　b. 树皮 w2. 第二年的木质部 m. 髓射线或木射线

等到第二年春天，你再观察一下你的小树，就会看到尖端已经长出了大芽。另外两个芽离它很近，这时也慢慢变成树枝，并且有了自己的叶片。但是当小树非常幼小的时候，小一些的芽常常会死掉，树干就笔直地向上生长。不过你还是能看出哪些地方是春天刚刚长出来的，因为它会根据芽的大小留下一圈环状物。小树新长出的地方上生成的木质部和去年低一些的位置生出的木质部是一样的，但是后者还会再长出一些新的木质部，变得大一些（见图2－1之2）。树液会像以前一样上下流动。在旧的木质部外侧会形成一圈新的木质部（见图2－1之2），并且在旧的树皮内侧也会长出一圈非常薄的新树皮。因此到了第二年的年底，尽管新长出的地方仅仅有一圈木质部，但是在它下方也就是树干原来的部分，会有两圈木质部（见图 2－1 之 w 和 w2）了，两圈木质部之间有一个标记，标明这棵树在冬天停止生长的时刻。

这些小树还很小，想在它们上面看到这些年轮的变化不太容易，所以你还是要看看图表。但是如果你在伐木工人砍伐木材的时候去树林看看，就能在那些年纪大一些的树上清晰地看到更多的年轮。你还会喜欢上通过看树干上的年轮判断树的年龄。当然你也无法完全确定自己能把所有的年轮都数出来，因为当新的木质部长出来时，旧的木质部就被挤到了一起，在树干中间形成了一块坚硬的木心。但你可以肯定的是，这棵树肯定不会比你计算出的年龄小，实际上很可能要大得多。

现在再回头看看我们的问题吧：树木是怎样活这么久的呢？它们年复一年地生长出新的年轮，这些年轮随着它们年龄的增大，变得越来越窄。天然树液通过较新的年轮流动到树叶处，然后营养液流回根部，一路给树木的各部分提供养分。每年春天，每片叶子根部就会萌发出新芽，就像新的植物一样。它们充满新的力量，为树木提供新的养分，因为树木会通过树干和树枝将它们送往高处，吸收阳光，呼吸空气。

树木的木心是完全没有生命的。有时当树的外部还繁茂着的时候，这个地方就已经腐朽了。但是很多离中心较远的年轮依然需要养分。你只要观察一下已经被砍倒的树，就会知道它们是如何获得养料的了。除了年轮，你还会看到一些髓（suǐ）射线（见图 2－1 之 m），就像车子的轮辐（fú）一样，从树干的中心向外扩散，直到树皮处。这些髓射线是由树心组成，就和我们在幼小的橡树中看到的一样。树液在树木里传输营养时会流过这些髓射线。

有些树，比如在温室里的棕榈树，就不会长出年轮。但是那些都不是英国的树，所以我们就不在这里讨论了。

课后作业：收集一些树枝，试着找到树皮、内层树皮、木质部（年轮）以及木心——丁香、酸橙树以及接骨树能清晰展示这些部分。橡树和松树是观察木心的最佳选择。

第三课　树木的生长——马栗树

当小树已经长出了很多年轮和枝丫时，就会有一些芽开出花来。这些芽和叶芽长在相同的地方。在有些树上，它们生长在树叶与树茎相连处。在另一些树上，它们出现在小树枝的尖端。通常它们比叶芽更圆一些，没那么尖。

橡树开出的花很小很小，所以你最好找一棵千叶树作为观察对象，收集一些大树枝为这节课作准备。你几乎可以在一年中的任何时间在千叶树上发现这些芽。只有在枝叶茂盛的时候，才会比较难找，因为它们很小。

观察这些芽的最佳时间是冬天快要结束的时候，因为那时树叶已经落光了。首先留意那些小一点的芽，它们一般成对出现，并且长在枝丫的两侧。在每个芽的下面，你会发现在去年树叶长出来的地方，正在形成疤痕。这个疤痕的形状像马蹄铁，还有一些像钉子一样的黑斑排列在上面。这些斑能够标明一束束管状物的位置，就是它们把树液输送到树叶中。

现在把一个芽切碎。它们都很小，不容易被发现，但是你可以把那层棕色的、黏黏的鳞苞剥去，里面露出的先是一些既柔软又胶黏的绒毛，接着会看到幼小的绿叶，紧紧地折合在一起，叶片之间是一个正在生长的绿色小尖。

如果你没摘下这个芽，并且它能够得到足够的养分，到了春天它就会长成一个小树枝。但是同一个枝丫上的芽很少能全部长大。只有那些强壮的芽才能获取养分，弱一些的要么死去，要么只能等到来年再生长。

现在来看看长在树梢的芽。它们比在树枝两侧发出的芽要大得多，因此你观察起来也很方便。在剥去十二到十七片黏糊糊的鳞苞后，你就会看到柔软、胶黏的白色绒毛，和在叶芽里看到的一样。这些鳞苞为里面正在生长的柔嫩部位提供了温床。

但是这类芽不会像小一点的芽那样全部都是树叶。它有四片小小的鲜绿色树叶，里面包裹着一个极小的刺突，上面还覆盖着小小的树节（见图 3 – 1 之 F）。

你必须用显微镜才能观察到刺突上的花。但是如果你愿意等待，到了五月份再来观察，就会看到这种芽都渐渐展开，长成缀满鲜花的可爱枝丫。如果你知道了树是如何在前一年的秋天为这个时刻的生长作准备，就会更喜欢它们了。它用树叶把自己盖住，并且让这些叶子都卷起来，整个冬天都可以给那些黏糊糊的小芽保暖。

你在等着开花的时候，观察一下树木本身。树干又圆又光滑，并且在距离地面大约十英尺（约合 3 米）的地方开始分出枝丫。它们像树叶一样，都是对称地长出一对，并且位于树干两侧。当然，如果有一个芽没有成功发出树枝，就没法成对了。低一些的树枝，也就是那些老树枝，会伸出很远，最低的伸出最长。因此整棵树一直向上慢慢发出枝丫，在最顶端圆满完成整个生长过程。

接着四月份到了，棕色的鳞苞从叶芽上脱落，树上覆盖着鲜绿色的柔软新叶。

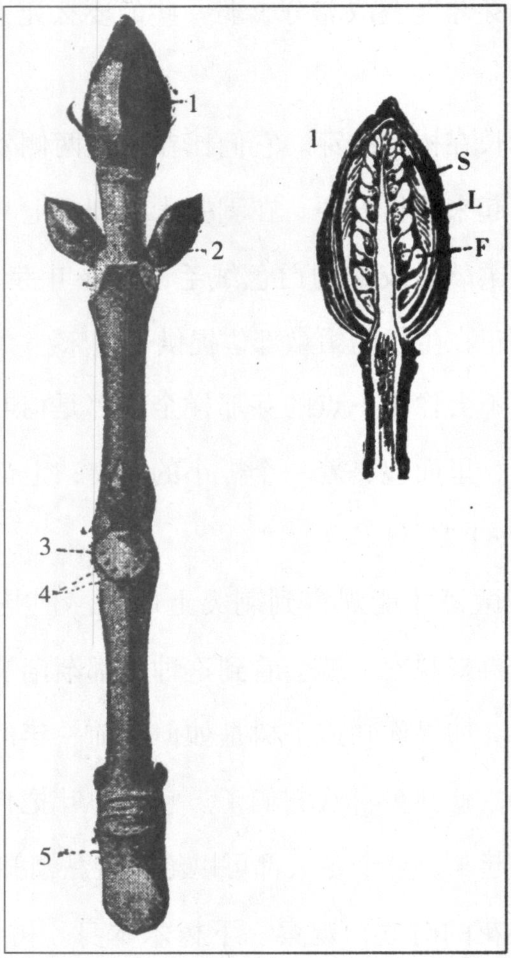

图 3－1　马栗树的嫩枝

左：1. 大花蕾　2. 小叶芽　3. 上一年叶梗留下的疤痕

4. 向上传输树液的小孔　5. 两岁大的木质部

右：1. 花蕾　S. 外层覆盖的鳞　L. 卷起的叶　F. 还没有开放的花朵

每片绒叶又分出七片小叶，从叶茎的顶端垂下来，就像撑得半开的雨伞。它们渐渐变得强壮起来。它们那七片像指头一样的小叶子不断向上生长，连成一片阔叶。在它们生长的过程中，花蕾也脱去了鳞苞，四片绿叶也打开了，花穗上开始挂出雪白的花朵，上面还饰有粉红色和黄色的条纹（见图 3 - 2）。

离树枝最近的花朵会先开放，慢慢变得壮实起来。它们都是两性花，带有五片绿色萼片和五片美丽的波纹花瓣，并且在内部既有雄蕊又有种子箱。它们会变成栗子，在秋天成熟。靠近花穗顶端的花朵的花瓣内侧只有雄蕊。一旦传授过花粉之后，它们就凋谢了。

图 3 - 2　马栗树的花和果实

如果你在花朵枯萎的时候能收集一株老去的花穗，横着切开花里的种子箱，就会看到里面有三个部分，每个部分里躺着两粒小小的种子。但是当你在秋天去摘那些多刺的果实时，就会发现虽然它会开出三个部分，但通常里面只有两粒马栗，另外四粒非常的小。这两颗大一些的种子迫使另外四颗小种子饿死，自己则变得又大又壮。如果马栗是棕色的，而且很有光泽，就说明已经成熟了。如果播种下去，它们就会慢慢长大。

虽然马栗树在夏天非常迷人，但是到了八月份，它们的叶子很早就开始变黄，然后飘落下来。然后你就能看到树上已经又长出新芽，为来年作准备。所有的男孩子都知道马栗吃起来有点苦，味道不怎么好。我们平时烤着吃的甜栗是从完全不同的树上长出来的，而且它不是树的种子，是树的果实。

课后作业：带来一条马栗树的树枝，观察它的芽。在五月份的时候找来一株花穗，六月份的时候看看它的子房，九月份的时候观察它的果实。

第四课　长着柔荑花序的树

马栗树是英国本土生长的唯一长着大花穗的大树。树篱中有很多漂亮的开花的灌木，比如黑刺李、梅和绣球花。但是所有的大树都会开着小花，其中有些树在叶子展开之前就开花了，可以看得很清楚。所以咱们就一起看看。如果你住的地方有很多蜜蜂，并且周围的树篱或者树林里长有一种普通的黄华柳，你可以在三月份挑个春光明媚的日子，躺在这种树下，仔细聆听。

很快你的耳边就会响起蜜蜂的嗡嗡声。只要有阳光，就能一直听到这种声音。因为经过长长的冬眠，蜜蜂已经醒过来，开始采蜜和传授花粉，获得蜂粮。三月很难见到花开，因此只要柳树的花朵中传出花蜜香甜的气味，蜜蜂就会立刻寻香而去，找到它们。

也许你会问我，怎样才能认出黄华柳？其实你早就认识这种树了，只是可能不知道它的名字。它是一种大型灌木树，紫褐色的树干，生长在树篱和森林里。在“圣枝主日”（即复活节前的星期日）之前，人们会砍下它们的树枝并称之为“圣枝”。

三四月份的时候，你会看到小嫩枝都环绕着顶针大小的茎秆慢慢生长，时而长在这边，时而长在那边。蜜蜂就是要找到这些地方，把嘴插进去采蜜。这些紧紧贴着柳树枝干的柔软物也是柔荑（tí）花序。柳树上的柔荑花序是向上立起来的，而在坚果树上的却会垂下去，在黄华柳上的则是抱茎而生。

图 4－1　黄华柳

但是现在我想让你再看得远一点。你头顶的那棵树可能会长有黄色的柔荑花序（见图 4－1）。如果你能收集到一根树枝并且仔细观察，就可以清晰地看到，在柔荑花序四周全是黄色的花粉囊。孩子们把这类树枝称为“金棕榈（lǘ）”。但是你也许会发现，就在不远处，有一棵相同种类的树，它上面的柔荑花序很柔软，呈灰色（见图4－1）。它们比金色柔荑花序更长更窄，孩子们将之称为“银色小柔荑花序”。

从这些树上各取一根树枝，带到学校来。当你把它们切成小块时，就会发现每个柔荑花序都是由若干很小的花组成的。金色柔荑花序中的花其实只是带有两株雄蕊的鳞叶（见图4－2之2的L）。啊，我忘记说了！还有一样东西。就在每个鳞叶的底部，是一个“小杯子”，里面装了一滴蜜。所以每个柔荑花序中都有很多很多滴蜜。

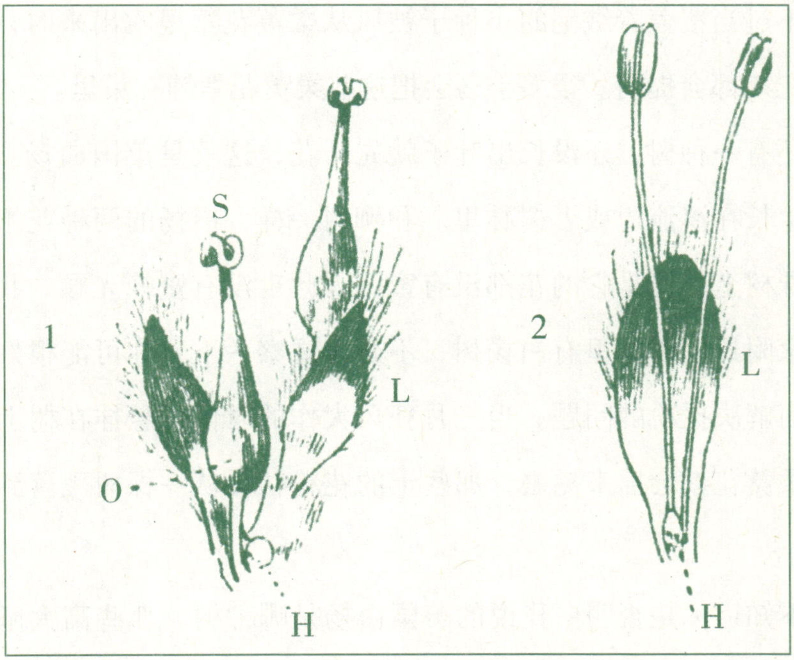

图4－2　黄华柳的花

1. 带子房的花　2. 带雄蕊的花

L. 叶鳞　H. 蜜杯　O. 子房　S. 柱头

如果你把“银色小棕榈”切成小块，会在鳞叶的底部看到同样的蜜杯（图4－2之H），但里面不是雄蕊，而是小小的种子箱或者子房（图4－2之O），形状就像一个瓶子，带有柱头（图4－2之S）。

现在咱们来说说这些蜜的价值。由于撒粉袋和种子箱位于不同的树上，花就肩负着引诱蜜蜂运输花粉的任务。把柳树种在蜂巢旁是个好办法，因为到了春天蜜蜂会从树上采集大量的蜜。紫皮柳生长在沼泽中，可以用来编织篮子，它开花的时期和黄华柳是一样的。普通的英国本土柳树会长成大树，爆竹柳很容易就会被折断。这两种柳树都要等它们窄窄的尖叶飘落后才开花，因此时间会晚一些。

不过当覆盖着绒毛的小种子被风从柔荑花絮里吹出来时，它们的开花期都会提前。很多小鸟会把这些柔荑花絮铺在巢里。

还有一种树，还没长出叶子就先开花，这就是英国白杨。它们通常生长在溪流边或者树林里。和柳树一样，白杨的两种花不长在同一棵树上。但是它的花都没有蜜，因此也没有蜜蜂光顾。我想如果你家附近的树林里有白杨树，不妨去观察一下。你可能很好奇它们如何解决授粉的问题。当三月狂风大作的时候，悬挂在树上的长长的柔荑花絮会摇来晃去，那些干的花粉粒会从一棵树飞落到另一棵树。

不知道你是否明白我说的英国白杨是哪种树。那些高大坚实的参天大树不是英国白杨，它们是从意大利引入的箭杆杨。英国白杨的形态非常优美，长长的梗上悬挂着宽阔的树叶。白杨树的叶子下面有柔软的白色茸毛，山杨或者欧洲山杨的叶子下面却是柔滑的。

风儿吹过，树叶翻动。当梗露出白色那面时，大树看上去非常漂亮。

还有一种树你必须看看。它的柔荑花絮既长又松散，里面长着雄蕊；它的子房长在小小的鳞芽里——这是我们的老朋友橡树，它长大后就会是这个样子。橡树在春天开花，也就是叶子刚刚长出来的时候。你常常会看到柔荑花絮随风飘扬，但它的花非常小，生长在叶茎和树干之间，或独自一朵，或两两成双，以后会变成橡子。每一朵花的周围都有一些小小的鳞，将来会慢慢变硬，形成橡子的外壳。

橡树是一种非常重要的树，我们以后还会在另一课中继续了解它。

课后作业：三月份的时候折些柔荑花絮里带雄蕊的柳条，再折些柔荑花絮里带种子的柳条。找一找蜜杯。再找些英国白杨的叶子和花。

第五课 英国橡树

不知道你家附近的树林里是否有橡树，它们有些会紧密地长在一起，有些会和山毛榉与白蜡树长在一起。这是它们生长繁殖的方式。当它们要被砍成长木板或者木杆的时候，那儿很可能会有一些木头，你可以在放学回家的路上停下来观察一下。

你会看到笔直光滑的树干。在树顶散出枝丫之前，有的树干有二十英尺高（约合 6 米），有的三十英尺（约合 9.1 米），有些甚至可以达到五十英尺（约合 15.2 米）。但是你也知道，幼小的橡树会长芽，先出现在一侧，然后在另一侧，都是沿着树干一直向上生长。为什么这些芽还没有发出枝丫呢？

其实原因就在于在茂密的树林中，各种树木都挤在一起生长，每棵树都想奋力向上长，以便能够见到阳光。因此春天来了的时候，小树顶端的树叶和芽都展开了，天然的树液从根部向上输送到顶部，很大一部分树液都被树木用来继续长高了，只有很少的树液重新回流，供给新树枝促使其生长。下层的芽得不到足够的养分，其中一些就衰亡了，另一些也会停止生长。也就是说，它们还在等待下一次生长的机会，当然，这种机会非常渺茫。正因如此，树林里的橡树虽然越长越高，但在顶端仅有一圈树枝和树叶围绕着树干。

但是，如果你在旷野里或者树林边发现了一棵老橡树，就会发现它的形状有所不同，因为那里有大量的空间供它生长。它的树干会大很多，向外伸出的树枝会越压越低。人们如果站在这种大橡树的下面，常常都能够得到低一些的树枝。这些树枝非常的重，自由地向四周尽力伸展。因此在空旷的地方，一棵老橡树可以覆盖很大的范围。如果树干不够强壮的话，就无法承受这些庞大树枝的重量了。树干的底部很宽阔，但慢慢会向里面弯进去，然后长得像个粗壮的柱子。长一段时间之后它还会再变宽，树枝就是从这个宽阔处向外伸展开去的。

伟大的工程师斯密顿建造埃迪斯通灯塔时，就是按照橡树树干的样子设计的。这一百多年来，这座灯塔一直稳稳地矗立着，风浪来袭也岿然不动。

橡树的树根非常厚，很牢固。从这里生出许多黏稠的根须，伸向树的各个部分。我会告诉你如何推断一棵树的根须在地下能伸多远。观察这些树枝，看看它们从树干那里伸出了多长的距离。根须在地下伸展的长度和树枝在地上伸出的距离是一样的。

导致这种现象产生的原因十分有趣。你还记得吧，树的根尖相当于树的嘴，可以用来吸收水分。在下雨的时候，雨滴会在树叶间慢慢流淌，最后就来到了树枝的尖端，接着就从那儿落了下去，渗入土里。我们都会站在树下躲雨。如果树根在我们站着的地方就停止生长，根部将几乎无法得到雨水的滋润。但是随着树的不断生长，树根也在不断向外扩展，一直长到雨滴落下的位置。

了解这些内容对我们进行园艺活动和耕种工作都有很大用处，因为树根常常令人非常头疼。

老橡树的树皮很粗糙，在鞣（róu）制皮革时非常有用。你在看树皮的时候，不妨也抬头看看树枝。它们弯弯折折地伸向四面八方，只要有新的树枝开始生长，就会在分叉的地方形成一个厚厚的树节。

如果你观察一下你的小树或者老树的枝丫，就会明白其中的道理。与马栗树不同，橡树枝丫的顶端不止一个芽，而是有两个、三个甚至更多。所有这些芽都挤在一起，位于中间的那个通常都会死去。其他的芽也会相继以不同的方式死去，这就形成了木匠所说的"肘接"。从前人们会在造船时用到它们，因为它们非常结实。但如今船舶都是用铁造的了，对木肘材的需求量也没那么大了，笔直的木板和木杆反而更加有价值。因此现在最好还是在树林里种植橡树，因为在那里它们可以长得又直又光滑。

橡木一直都很贵重。西敏寺大厅建造于大约九百年前，它的横梁就是由冬青栎（lì）树制成的，至今还和以前一样结实。很多乡间的村舍都有一些旧衣柜和带雕刻纹饰的老式椅子，也是用橡木制成，年代也差不多同样久远了。橡树的心材十分牢固，正如一首旧歌谣所唱："橡树的心是我们的船，橡树的心就像我们的人。"

冬天是你观察橡树树干和树枝的最好时节。其次就是四月份差不多结束的时候，此时所有的芽都变成了漂亮的深红色，树叶也伸展开了，松散的柔荑花序在树叶间垂落下来，小小的橡子花在茎和树干间若隐若现。

当叶子全部落光后，橡子就开始形成了。试试看你能不能找到两种英国橡树，它们的叶子形状很相似，都是长长的，上面清晰地分成不同部分。但是橡栎（见图5－1之1）的叶梗很短，叶子几乎碰到了茎，不过橡子却生长在长叶梗上。另一种橡树叫“无梗花栎”，它的叶梗通常更长一些，橡子反而不带叶梗。

1

2

图5－1　长着球果的橡树枝

1. 长着带梗球果的橡栎

2. 无梗花栎，球果靠近树枝

常绿栎树是从意大利引入英国的，通常生长在花园里。它的叶子和冬青树的很像，因此被称为“圣栎”或“冬青栎”。

课后作业：找一条橡树枝，观察那些挤成一团的芽。找一根橡木，观察它那深色的心材及其周围的年轮，再看一下它那粗糙的树皮。试着找到两种不同的英国橡树。留心观察橡子外壳里长在一起的鳞。

第六课　橡树的客人

和其他英国树种相比，橡树养活了更多的生物，不仅有猪、刺猬、松鼠和田鼠以橡子为食，还有超过五十种昆虫从橡树的不同部位获取食物。

大部分昆虫都太小了，你很难找到它们。但是你可以留意其他的昆虫，也会很有趣的。如果你在五月份的时候看一下橡树，很可能会发现它的一部分叶子卷起来了，有的是从叶尖卷向叶梗，有些是从一边卷向另一边。把卷起的叶子拉平，你会在里面看到一只毛毛虫或者蝶蛹。会卷叶子的毛毛虫通常有两种：一种被直白地叫作“橡木蛾”，体型较大。它卷的叶子一般不是很整齐，它会在叶子里作茧，把自己缠得像个小船。这种蛾子破茧而出时会长出翠绿的翅膀，上面还带着白色带纹。

另外一种毛毛虫很容易找到，因为它卷的叶子更加整齐，它还会用细细的线把叶子固定住。接着它会以内部的卷叶为食，直到沉沉睡去，变成蛾子。如果你在六月份的时候摇一摇橡树，通常就会有许多小蛾子飞出来。它们被称为“绿色橡木蛾”，不过它们的后翅是棕色的。这种蛾子比橡木蛾要小得多，它们的毛毛虫编织的是船形茧。

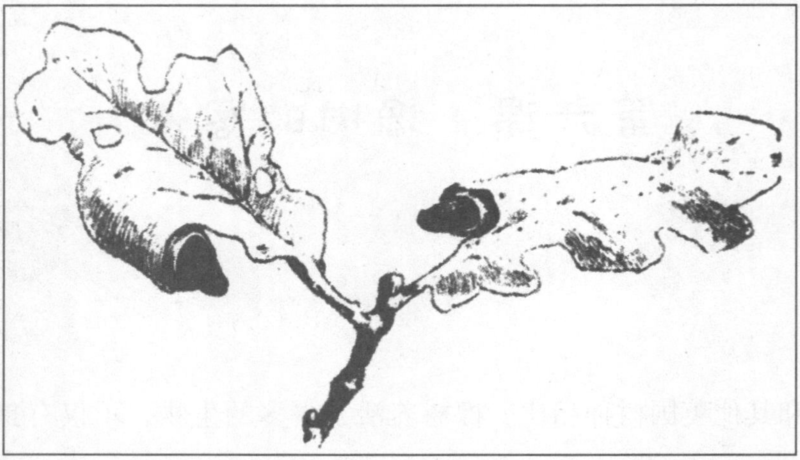

图6－1　卷起来的橡树叶，里面裹着虫茧

你还能发现另一种叫“大型鹿角虫”的昆虫。要找到它你必须切开老橡树的树干，这种大幼虫会把里面掏空，在树皮下面给自己做个窝。它会在里面待上三四年，以木头为食，直到变成甲虫。你一定还记得啄木鸟向树上爬的时候会用鸟嘴在树上轻轻叩击，它寻找的其实就是这种幼虫。

橡树上最古怪的窝是昆虫妈妈造出的虫瘿（yǐng），因为它们会把虫卵产在树上某个地方。每个乡下的孩子都对红褐色的、非常有光泽的栎瘿很熟悉。它们生长在橡树枝的末梢，很多人会误以为它们是橡树的果实。男孩子们过去常常在五月二十九日把这些栎瘿插在帽子上，因为查尔斯二世就是躲在一棵橡树里避开了敌人的追捕，回到英国戴上皇冠的。

你不必把栎瘿插在帽子上，不妨用一把锋利的小刀把它横着切开，你会发现它非常柔软，呈海绵状，分出很多小格。有的小格子里会长出一个幼虫，有的会长出茧，还有的里面会有一只美丽的昆虫，等待着展翅飞翔。当然，也许这些昆虫的家已经空了，因为里面的住户都已经飞走了。

咱们再来看看栎瘿是怎么出现在那里的。早春的时候，一种叫Cynips 的食蚜蝇会在小树枝上安家落户。它会用它的尖头管在树皮上刺个洞，这个管子平时都卷在它的尾部，需要用的时候才伸出来。接着它就钻进这个小树洞，并在里面挤压出一些汁液，同时产卵。很快，就会出现一块凸起，昆虫卵的周围形成海绵状的栎瘿，每个卵在一个小海绵格里。因此当幼虫孵化出来时，就能找到大量柔软的食物吃，一直吃到它们开始作茧为止。

图 6－2　在切开的栎瘿里可以看到昆虫生长的小格

这些蝇的另外一个种类会把卵产在松散的柔荑花序上。花儿凋谢之后，这些蝇就像小小的棕色葡萄干一样挂在叶梗上，很容易就能找到。尽管通常这些叶梗都会脱落，但是当这些虫瘿住在上面时，叶梗就会一直悬挂在那里，一直到里面的蝇长出来飞走。

每个“葡萄干虫瘿”里都有一个幼虫。你会发现树叶下面的虫瘿也有幼虫。至少有两种不同的树叶虫瘿：一种是鲜红色，被称为“樱桃红虫瘿”；另一种很小，粉红色，毛茸茸的，还有些扁平。每个树叶下都有很多这种虫瘿，被称为“栎瘿”。在落叶之后这种幼虫还会继续在这些虫瘿里生长，因此你肯定能找到它们。

接下来介绍的这种虫瘿一定会被你错认成树芽，被称为“洋蓟虫瘿”。它最初长在橡树芽里，春天一来，蝇就把卵产在里面。但接下来，它不会在带着绿叶的树枝里生长，橡树芽会用鳞把自己裹住，因此一些幼虫直接在里面孵化。

我们最后要说的是大型棕色虫瘿，特别是被称为“橡树虫瘿”的那种。它们长在树枝的半中间，整个冬天都垂挂在树上，即使在蝇飞走之后都还留在那里。这种虫瘿于大约 170 年前，也就是 1840 年在英国被发现。它繁衍的速度非常快，对树的危害很大，因为它会吸出非常多的树液。它和从亚洲引入的虫瘿非常相似。后者体内的酸性物质可以用来制墨。

除了橡树，还有很多种树都有虫瘿。如果你发现树上出现奇怪的肿块或者一个奇形怪状的芽，和你平时在树上见到的情况不同，我建议你把它切开，看看里面是不是有一个幼虫。

课后作业：尽可能多找些不同种类的橡树虫瘿观察。找一些卷叶毛毛虫，再试着找到鹿角锹甲的幼虫。

第七课　山毛榉树和甜栗树

如果你在春天的时候穿过树林，可以观察一下树木是如何发出新叶的，其中最迷人的是山毛榉（见图 7 - 1 之 1）。在隆冬时节，你可以通过观察认出它们：橄榄灰绿色树皮，高大光滑的树干，树顶一圈宽阔的枝丫，还有一个接一个的棕色尖头芽，有些长在树干的这边，有些长在树干的那边。它们和马栗树上粗大的芽非常不同，但是它们里面的小叶子同样安全暖和。

早春的时候，在棕色尖头莲展开之前把其中一个切成小块。你首先会看到一些闪闪发光的鳞一个接一个地紧紧叠在一起。接着在这些鳞的内侧，你可以看到一些透明的鳞，像丝般柔软，将纤弱的小叶子裹在里面。这些叶子像扇子一样折叠在一起，叶边还长着一圈银色的毛。

过些日子，这些鲜绿的叶子就会展开了，下面还松散地挂着些鳞，而那些柔软的边毛这会儿也像树叶下的毛一样显露出来了。每片叶子都是椭圆形的，边缘呈锯齿状。它们的小树枝会先向下垂，接着慢慢地抬升起来。等到树叶完全长大，会有棕色的花簇挂在其中。

图 7 – 1　树和果实

1. 山毛榉树　2. 橡树果实或山毛榉坚果　3. 甜栗　4. 果壳内的坚果

里面带雄蕊的那些花既柔软又光滑，挂在又长又细的梗上，而那些带着种子箱的花都立在靠近枝梢的短梗上。每个梗上有两三朵花，上面还顶着黏糊糊的须，周围长着一些带刺的鳞。

这些鳞和我们在橡子周围看到的那些鳞很相似。它们会变成硬硬的果壳，上面还长着刺，将来都会缩进这两三个小坚果中。但是等秋天来了，山毛榉坚果（见图7－1之2）就会从树上掉下来，果壳会摔裂成四瓣，接着你就可以看到这些三角形坚果的内部。它们的须虽然已经枯萎，但依然长在坚果顶端。

现在想想，为什么这些鳞会长成硬壳并且最终缩进果实呢？为什么它们会在秋天裂开呢？因为松鼠和田鼠主要以山毛榉坚果为食，因此，当这些坚果还青涩着的时候需要外壳保护，否则就会在成熟前被吃掉。但是只要它们已经长大，能够开始生长，果壳就会摔落下来，裂成几瓣。如果松鼠和其他动物能把其中一些踩进地里或者埋起来，就可以再长出新的山毛榉树来，然后就会有更多的果实给动物吃。但是如果你想让山毛榉树一直健康生长，然后把它砍成木材，你就要用心照料。这种树可以一直活二百多年，不过在它们大约九十岁的时候，就已经作好准备，随时变成木材了。

优秀的林木工人一次只砍下一块木头，这样随时都能有木头用作木料。在打算砍下木材的地方，他们会先把其他的树木和发育不良的山毛榉清理掉，这样才能让阳光射进来，保持空气畅通。

接着他们会再等一到两年，一直等到山毛榉果实成熟了，种子也壮实了，这样山毛榉树才能够长得很好。这种时节一般每隔三四年会出现一次。这个时候他们会砍去一部分做木材，使树木长得稀疏一些，这样才能为幼小的籽苗留足空间，开始新一轮的生长。

之后他们每隔一年就会再砍掉一些，大约十年或十几年后，树木的这个部分就差不多砍完了。到了那个时候，新的山毛榉树已经在顶部长出了一圈新的树枝和绿叶，林木工人就会开始砍这棵树的另外一部分。

如果说山毛榉树在春天很漂亮，在秋天就会更加好看，因为到了这个季节，它的叶子都变成了亮红色。再过段时间，叶子就飘落下来，在林子里铺上一层可爱的绿叶地毯。整个冬天，幼小的山毛榉树都会把枯叶留在树上。山毛榉树篱也是如此，林木工人会一直修剪这些树篱，以免它们长成大树。

还有一种树你也非常熟悉，它们会把果实藏进带着刺鳞的果壳。这是甜栗或者叫欧洲栗（见图7－1之3），由罗马人带入英国。它们如今有的长在树林里，有的被栽种在林荫道旁，道路的尽头通常是监狱。它展开叶子的时间比山毛榉树晚一些，直到七月份才开花。不过到了十月份它的果实也就成熟了，果壳会摔落到地上裂开。如果你捡起这些栗子带回家烤着吃，就能看到被烧干的花朵在顶端形成一种刺毛边（见图7－1之4）。到了深秋时节，栗树会非常漂亮。它的叶子又长又窄，边缘被切出很多小尖角，此刻都变成了美丽的金棕色，在树上会一直挂很长时间。

很多老房子的横梁都是由栗树做成的，小树的树干还可以被制成支杆。山毛榉木材被广泛用于制作椅子。

桦树与赤杨和山毛榉与橡树一样，会长出柔荑花序，结出硬壳果实。它们通常在早春就开花了，那个时候树叶还没完全长出来。赤杨通常生长在溪流边或者湿地上。桦树一般会出现在树林里，你可以通过下面的特征辨认它们：纤细优美的树干，上面分布着棕色、黄色和银色的条纹，紫褐色的小树枝，以及深绿色的树叶。雨后由于树脂渗透出来，它们会散发出强烈的气味。一些患病的桦树会在树枝的上半段长出一大簇小枝丫，看起来很像乌鸦的巢。

课后作业：春天的时候找一根带芽的山毛榉树枝。秋天的时候找一些带着外壳的山毛榉坚果和栗子。把作为果实的栗子与作为种子的马栗进行比较。找一些桦树和赤杨的果实。

第八课　长着球果的树

松树、冷杉和落叶松几乎遍布英国的每个角落。这些树都非常有趣，而且实用价值高。它们的种子都长在木质球果里，它们的叶子都很窄或者呈针状，和大部分树木的叶子都不太一样。

我们使用的木材中，很大一部分都是来自挪威和其他国家的松树和冷杉。这类木材被称为“松木”或“冷杉木”。你肯定已经注意到了冷杉木中那些小小的圆块，也就是树节。如果你把它们拔出来，就会留下一个洞。树枝就是在这些地方生长出来，老了之后也在这里折断，接着树干就会在此处慢慢闭合。这些树节常见于冷杉木和松木。它们的树液里树脂含量很高，人们会从里面提取松脂。

住在乡村的孩子一定都捡过冷杉球果，而且很容易就能发现三种不同的类别，分别属于苏格兰松树、挪威云杉以及落叶松。当然，其中只有苏格兰松树是土生土长的英国松木，另外两种是从国外引进的。

英格兰曾经有非常茂密的苏格兰松树林，但是很久以前就被砍伐了，我们现在看到的松树林都是从挪威以及法国的大树林引进树种栽种而成的。这种树很高大，枝繁叶茂，树干上覆盖着红色或棕色的鳞状树皮。也许你会以为这就是苏格兰冷杉，因为人们常常把这两种名称弄混，认为苏格兰松树和苏格兰冷杉是一样的。但是如果你仔细观察一下它们的球果，就会发现差别了。

图 8－1　树及果实

1. 苏格兰松树及其果实　2. 挪威云杉及其果实

苏格兰松树的叶子是深绿色，非常窄，大约有两英寸（约合 5 厘米）长。在它们棕色鳞片的叶鞘里会有两片叶子长在一起。它的球果没有梗，底部有一块凸起，并且逐渐变细，在上端形成一个不锋利的尖头。这些球果是由一些厚厚的木鳞构成，在顶部似乎都卷了起来，在末端形成了一个带有棕色鳞斑的突起，非常厚实（见图8－1之1）。这些鳞相互紧密地覆盖在一起，在球果成熟之前，连一滴雨都无法渗入。它们通常要两三年才能成熟。有时它们会一直悬挂在树梢，有时它们会在早些时候摔落到地上。当它们成熟后，木鳞会向外弯曲，这时你就能看到每个里面都有两片薄薄的、透明的鳞，看上去就像苍蝇的翅膀。它们位于木鳞的垂直位置。

用小刀在木鳞下面小心地向下划，一直划到底部，然后把它们拔出来。如果你还没有弄破那层脆弱的透明薄膜的话，就会在每个木鳞的末端发现种子。

这些是有翼的种子，上面没有种子箱，而是裸露地长在木鳞的内侧。过一段时间之后，它们就会脱落，然后随风飘走。如果你找到一颗非常老的球果，那么这些种子肯定已经不在了。

所有带有球果的树木都长着有翼的种子，真正的松果也与此十分相似。你很容易就能找到海岸松，它是从法国引过来的。在很多英国树林中，都能在苏格兰松树群里看到它们的身影。它们的球果很大，环绕着树枝，聚集在一起生长，四个一簇，或者八个一群。它们比苏格兰松树的球果更大，颜色更深，通常在树上能留很多年。

挪威云杉（见图8－1之2）与苏格兰松树十分不同。它的枝丫伸展得很开，几乎一直垂到地上。它的针状叶片几乎还不到一英寸（约合2.5厘米）长，孤零零地长在茎上。它的球果又瘦又长，上面的鳞不像松果那么厚。两者间最大的差别在于，鳞的顶端没有向后弯曲长进树节，而是伸向外面，只是稍稍有些往里弯曲。和松树一样，这种杉树的每个鳞里也长着两粒种子，但它们是在一年内成熟的。挪威云杉虽然来自外国，但如今已经遍布英格兰每个角落。

落叶松来自瑞士，雪松来自巴勒斯坦，这两种树的种子也都长在球果里，但与松树和杉树还是有较大的差别。它们的针叶非常细，一簇一簇地聚集在一起，有时十八个，有时二十个，都长在相同的鳞片叶鞘里。雪松的球果直直地立着，形状就像一个鸡蛋，但是到了英国，这种树不是都会结出球果来的。

落叶松球果非常的小，长度还不到一英寸，它们通常沿着小枝丫长成一排。它的木鳞相互之间也没有连接得很紧密（见图8－2）。

我想除了雪松，你可以找到所有这些树的球果。当然，你只能在秋天去找杉树和落叶松的球果，因为它们每年都会成熟，但松果一整年都会挂在树上。

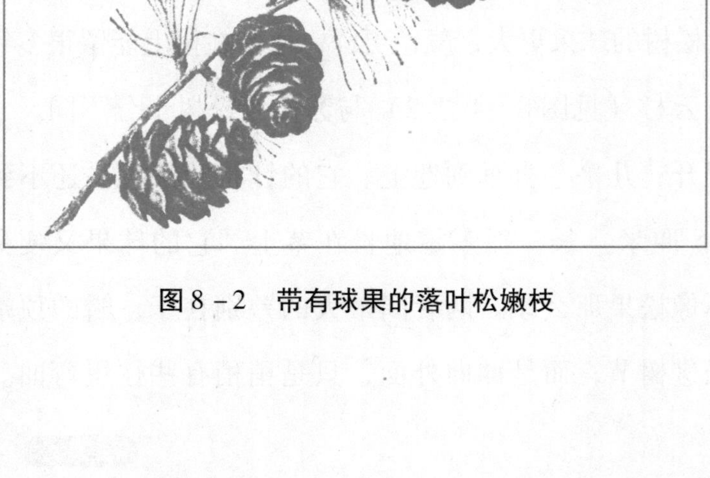

图8－2　带有球果的落叶松嫩枝

如果你在春天或者初夏观察松树、杉树其中任何一种树，就会看到它们带雄蕊的柔荑花序悬挂在树枝上，黄色的花粉被风吹得四处飞扬，以便落到年轻的球果上。

松树、杉树和雪松都是常青树。它们的叶子可以在树上挂三年甚至更长时间。由于不同的树枝年龄不同，落叶的时间也不一样，这些树上就会一直长着绿叶。但是落叶松的树叶每年都会脱落。秋天的时候，你一眼就能认出它们，因为它们下垂的大树枝已经变得光秃秃的，上面只覆盖着一些小小的棕色球果。

松树和杉树能够在非常贫瘠的土地上生长繁茂，它们的种子也很容易成活。如果你附近有松树林，或者有混杂着松树或杉树的树林，不妨试着观察一棵小树苗，看它伸出又长又细的梗，上面还包着种皮，十分有趣。当种皮脱落的时候，你会在底部看到五六片长长的种叶将一个芽围在中间，这个芽会发出真正的松树叶或者杉树叶。

还有一种针叶树你也非常熟悉。它们的叶子全围绕着茎生长，每个叶鞘里有两片叶子长在一起，分别位于茎的两侧，都向下弯垂，就像小鸟身上的小羽毛，这就是紫杉树，你常常会在教堂墓地里见到。这种树上不长球果，它裸露的种子长在多汁的红色杯状物上。柔荑花序和这种杯状物不在同一棵树上。如果你仔细寻找，就会在另一棵紫杉树上发现它们。

课后作业：找来一捆苏格兰松枝和挪威云杉，比较它们的球果有何差别。再找来一根雪松树枝，一根带球果的落叶松树枝，一株幼小的松树或杉树。三月份的时候观察一根花里带雄蕊的紫杉树枝，秋天的时候观察带有红色杯状物和裸子的紫杉树枝。

第九课　树篱灌木和乔木

世界上任何乡村的灌木篱墙都没有英国的这么迷人。围绕着花园的树篱修剪整齐，牧场间的篱笆参差不齐，它们的风格不同，但各有千秋。无论你选择哪一种，都能发现它们各自的妙处。其中最令人喜爱的应该是那些六年中顶多修剪过一次的树篱。它们虽然漂亮，对牧场却不利。

咱们先一起看看庭院树篱吧。不知你是否想过，这种树篱都是由幼小的树构成的，它们不断被修剪，只留下树枝和叶子，树干却不会再生长。黄杨树篱是由黄杨树构成的，它们被修剪得很密。冬青树篱如果疏于管理，就会长得很高。它们多刺的叶子可以有效阻止牛群闯入树篱。我知道在德文郡有一个花园，里面的冬青树有三十英尺那么高，分布在一个冬青树篱中的各个地方。

山楂树篱和生长在草地上的英国山楂是一样的。山毛榉树篱是由山毛榉构成的，修剪得很好，枯死的叶片在冬天还会挂在树篱上，就像挂在幼小的山毛榉树上一样。紫杉树篱和教堂墓地里的大紫杉树一样，但是在离牛群和马群很近的地方栽种时，一定要非常小心。因为严冬来临后，食物短缺，牛和马有时会吃下这些有毒的树叶而导致身亡。

这些树篱都是由单一种类的树木构成，它们远远没有牧场间的混生树篱有趣，因为在后一种树篱里，我们可以找到黑莓和坚果，还有各种奇花异果。

你知道黑刺李灌木吗？在冬天过去之前，它们的树叶还没长出来的时候，黑色的茎上会开出白色的小花。如果你知道这些的话，也应该知道秋天的时候能够在这种灌木上看到紫色的黑刺李，它们就藏在小小的深绿色树叶下，你可以收集这些浆果制作黑刺李果汁或者黑刺李果酒。其实黑刺李不是一种理想的树篱植物，因为它的根会延伸得很远，一直伸进牧场里，而且它通常会长成大树，这样就会在篱笆里留出空隙。

山楂树或者英国山楂要好得多，因为只要修剪得当，它们会长成浓密的树篱，上面的尖刺使牛群很难冲破它们。

在树篱或者树林中，你很可能会发现野苹果树，它们的树枝四处散开，上面通常还长满尖刺。它那椭圆形的叶子带着小尖角。在长大之前，叶子下面会长着小绒毛。到了五月份，它会开出玫瑰色的粉白花朵，到了秋天就能在这些开花的地方找到红色的野苹果，不过它们的味道又酸又苦。

另一种能作篱笆的树是野樱桃树。夏天的时候，树上的果实能把小鸟吸引过去，可以防止它们去偷食谷物。这种灌木长得很浓密。它的树皮是红色的，蛋形的叶子是青绿色的，边缘呈明显的锯齿状。它的花和花园里种的樱桃树一样，从矮小的梗的一端一下开出四五朵来。它的果实成熟的时候会变成鲜红色。如果你住在威尔士、英格兰中部或者北部，就会发现另一种叫作“稠李”的树（见图9－1之1）。

图9－1　稠李和欧洲荚蒾

1. 稠李　2. 欧洲荚蒾

稠李的花长在纤细的梗上，果实是黑色的。不过别弄错了呀，稠李的花都是一簇簇开在枝丫上，长长地垂向地面。很多人都误将野生矮樱桃认作稠李了。

黑刺李树、山楂树、野苹果树还有樱桃树都属于蔷薇科，你一定还记得，它包含很多结果实的植物。漂亮的花楸树也是如此（见图9－2）。它通常被称为“山林白蜡树”，因为它的叶子分出很多小瓣，和白蜡树很像。到了五月，你会在花楸树（见图9－2之1）上看到盛开的白色小花。但是秋天的花楸树才是最惹人喜爱的，因为那时一丛丛漂亮的红色浆果就成熟了。也许你家大门上方就有这种树，因为在人们还相信魔法的时代，它们常常被栽种在那儿，据说可以阻止女巫入内。

图9－2　花和果实

1. 花楸树的花和果实　2. 卫矛的花和果实

无论篇幅多么有限，我都要再向你介绍两种树篱灌木。一种是欧洲荚蒾（mí）（见图 9－1 之2），它的叶子是深绿色，边缘为锯齿状，有三至五个叶尖。这些树叶到了秋天就会变成可爱的红色。它的白色花朵会一簇簇地聚在一起，十分齐整。外缘的花朵比较大，里面既没有雄蕊，也没有种子箱。它们的作用是吸引蜜蜂和苍蝇飞过来，然后在中间的小花朵上采蜜。这些长在中间的花朵是两性花，因此昆虫可以帮助它们生成种子。到了秋天，这些欧洲荚蒾会长出珊瑚色的浆果，十分漂亮。

还有一种灌木在树篱中可以长到五英尺（约 15 米）高，被称为“卫矛”（见图 9－2 之2），因为这种木材常被用于制作纺锤和串肉扦（qiān）。它的灰色树干十分光滑，绿色的树叶非常窄，而且有剧毒。五月份的时候它会开出白绿色小花，但你很难看得到。但是到了秋天，它会结出既可爱又特别的果实。四个红色的种子箱聚成一丛，长在短短的梗上。它们看上去很古怪，如果你把它们打开，就会看到里面的种子覆盖着一层橙黄色的薄膜。

课后作业：观察黑刺李树、英国山楂、野苹果树、野樱桃树、花楸树、欧洲荚蒾以及卫矛的花和果实。

第十课　开花的花园灌木

在村舍花园中基本容不下大树生长，但是很多开花的灌木都可以种在角落里，其中有一些还十分可爱。一年中最先开花的是日本梨树（见图 10－1 下方）。它顺着很多村舍的墙壁生长，当树叶完全落光时，会使墙壁看上去很明亮。刚刚到一月份，它就已经发出深红色的芽。到了二月底，整个墙上都布满了这些芽。它们的形状像梨花，一串一串地紧贴着树干。即使你自己家还没有这种树，也可以轻易发现邻居家梨花树的根出条。这种吸根不难种活。到了秋天，你就能看到它结出坚硬的青梨了。

用不了多久，日本梨树上的花就完全怒放了。此时大部分花园里的“茶藨（biāo）子”或者“金茶藨子”也开始抽出红色的穗。这种植物最初来自北美，现在已经遍布整个英国。你很容易就能认出它，因为它的叶子和果菜园里的红醋栗十分相似。它那一簇簇粉色或者红色的花朵缀满枝头，和红醋栗、鹅莓的花很相似。接着到了秋天，它的枝头坠着一串串黑莓，不过味道并不怎么样。切下一块茶藨子，然后将它插入土地里，它很容易就能生长。

图 10－1　日本梨树和雪球树的花朵

初夏时节你还能见到另一种非常漂亮的灌木花，就是我们说的伏牛花（见图 10－2）。它那些深红色小果实曾经被用于塞进糖李子做馅。伏牛花十分有趣，由于它把自己的一些叶子变成了尖刺，因此每个接合处都有一个三叉尖刺，同时也长着平滑带穗的叶子。野生伏牛花会开出黄色的花，里面有鲜红色的花粉囊。但有一种叶子四季常青的花园伏牛花，它的花朵是深橙色的。它们个头很小，垂在长长的小花枝上。如果你够聪明的话，可以用野生伏牛花和花园伏牛花各做一次实验。

图 10－2　野生伏牛花

仔细观察其中一朵花，你会看到里面的六个雄蕊四处伸开，分别躺在不同的花瓣下。在花瓣的底部，靠近花朵中心的位置，有两个蜜袋，从里面一滴一滴地渗出蜜。位于种子箱顶端的黏柱头立在花朵的中央。

现在拿出一根针，在每个雄蕊的底部，也就是蜜汁滴落处轻扎一下，它会立刻跳起来，好像被弹簧弹了上去。再扎一下黏黏的柱头，过一会儿它就会重新落下来。当蜜蜂把头伸进花蕊采蜜的时候，就会将雄蕊刺激得弹起来，撞到蜜蜂自己，然后蜜蜂就带着花粉飞到另外一朵花上。或者花粉囊会赶在下降之前，在自己的雄蕊上留下一些花粉。

咱们还要继续学习别的灌木花，因为“三月风，四月雨，五月百花开满地”，到了那个时候，就有很多灌木花可以观赏了。金雀花灌木开着嫩黄色的花，和豌豆花的样子很像。你会在石楠灌木丛里看到野生金雀花。它的样子很像金雀花，差别就在于它的茎是绿色的，而且很光滑，没有刺。野生金雀花的花孤零零地立在茎上，而金雀花则是一簇簇嫩黄色的花团。金雀花不会产蜜，但蜜蜂还是会飞过来授粉，制作蜂粮。

如果在金雀花附近有丁香花灌木丛，你就会发现黄色和淡紫色配在一起非常可爱。你可以用两种灌木花制成漂亮的小花束。不过如果你能再找到一些金链花的金色花朵，搭配起来就更加好看了。金链花的花朵里有很多蜜，蜜蜂必须要咬掉一些才能开始工作。它们常常在每朵花上停留很长时间，因此你可以看到一棵树上飞舞着很多蜜蜂。金链花荚就像小的豌豆荚，不过千万不要吃里面的种子，因为它们都有剧毒。

接下来要介绍的杜鹃花，能在光泽的绿叶中怒放出一串串紫红色花朵。这些花都来自北美。长在角落里的接骨木能够在座椅上方遮出一片舒适的荫凉，这是真正土生土长的英国灌木，几乎可以被直接称为树。七月份之前它不会开出很多花，但它却是早春最先长出叶子的树之一。尽管它长得不高，树干却很粗大，树皮很粗糙，像木塞的质地。

如果你想做玩具枪的话，一定要选用嫩枝，因为老树枝的树心已经被外层的年轮挤压进很小的空间。老树的叶子分别长在树干两侧，每片叶片又分出七到九片小叶，其中一片在末端。白色小花都一丛一丛整齐地长在一起，到了秋天，花落后，会留下一些甜甜的老浆果。

如果你的花园里没有老树，你肯定会愿意种一棵雪球树（见图10－1上方）。这是一种栽在花园里的欧洲荚蒾。与野生欧洲荚蒾的花不同，它的花不是一束束整整齐齐地长在一起，而是围成一团团小球，里面没有雄蕊，也没有子房，因此它们也没有种子。到了秋天，它们的叶子就变成了紫色，非常可爱。

到了这个时节，门廊上方将开出很大的紫色铁线莲花，一直到十月份才凋谢。在铁线莲花后面的墙上长着桃金娘，到了八月份就会爬满白色的花朵。我们对桃金娘太熟悉了，很难想象到它其实不是英国的灌木。它们来自法国南部，如今英国所有温暖的地方都有它们的身影。正是有了它们的装扮，我们的墙全年都有绿荫遮盖。它的椭圆形叶子可以从小小的油囊里散发出宜人的香气。如果你拿树叶对着光来看，就能见到这些油囊。

课后作业：观察上面提到的任何一种灌木的花和树叶。

第十一课　白蜡树和榆树

最有用的硬木材树，除了橡树，就数白蜡树和榆树了。在灌木篱墙和野外都能看到这两种树。每年它们的树叶还没发出来，花就早早开了。

即使到了冬天，你在任何地方都能通过两种方式认出白蜡树的树干。首先是观察树枝的顶端。白蜡树的树枝顶端通常是扁平的，就像被重物压过一样。其次是看看是不是有小金字塔形的黑色树芽（见图 11 - 1）。其他的树都没有这种黑色树芽。它的树干是灰色的，枝丫生长得十分优雅，它们首先从主枝干上倾斜下去，接着又像鹿角一样再次翘起。

到了四月，在白蜡树靠近顶端的侧枝上，树芽慢慢展开，开出一簇簇紫黑色的花（见图 11 - 1 之 2）。每朵花都小，不带衬叶，只有子房和两个紫色雄蕊。但是这些小小的花朵紧紧挤在一起，把整棵树都点缀成了紫黑色。

接着到了五月底，叶芽慢慢打开了。树叶在树枝的两侧相对而生，每片叶子（见图 11 - 1 之 1）都分出七片甚至更多的小叶，末端还有一片。很多树叶都像这样分出很多叶瓣，你也许会觉得每片小叶都是一片树叶。但是如果它们真的是树叶，底部靠近茎的地方就会长出一个芽，末端会有一个不断生长的小尖。因此当你找不到这些芽和小尖时，就会知道所有的小叶在一起构成一片树叶。当树叶枯萎时，所有小叶会整个一起跌落到地上。

图 11－1　白蜡树枝条

1. 分出九片小叶的树叶　2. 花朵　3. 被称为“匙果”的果实

整个夏天白蜡树都十分漂亮，它那蓝灰色的树叶与其他的树叶都不同。但是秋天刚开始没多久，它的树叶就会慢慢变黄，飘落下来。到了那个时候，你可以通过它那古怪的果实认出它来。这些扁平的果实又长又窄（见图 11－1 之3），一团一团地挂在树枝上，像一串串钥匙。事实上我们也确实把它们叫作“匙果”。有时它们可以一直挂到冬天，直到猛烈的大风将它们从树上刮下来。

你也许常常能在花园里看到一种年幼的白蜡树，因为它们非常耐寒。但是兔子非常喜欢吃这种幼苗，因此它们顺利长大的机会也不大。年幼的白蜡树树干通常会被用于做手杖和支杆。当白蜡树完全发育成熟时，砍下来的木头常被用来做马车和家具，销量很好。

我们对榆树已经非常了解了，因此你可能觉得关于它已经没什么新鲜的知识可以学了。但你可能没有注意到，如果未加砍伐，榆树树干上的嫩枝几乎能伸到树的底部。我几乎可以肯定，你们大多数人都不知道这些嫩枝上通常覆盖着一些小小的软木块，使树枝看上去就像生病了一样。

事实上它十分健康，不过这种树枝已经泄露了它的秘密，那就是榆木有着软木质很强的树皮。树干上的软木既厚实又粗糙。但小树枝上的软木没有展开的空间，就被挤缩成了一个个小块。树皮的内部被称为“韧皮”，非常坚韧，可以用于制作垫子和绳索。

普通的榆树通常一排排地立在牧场之间，或者被栽种在村镇广场上。它们是由罗马人带入英国的。尽管来了这么久，但是它们到现在都还没有完全适应，因为它的种子只能在非常炎热的夏天才能成熟，新的榆树也需要通过栽种，根出条以后才能生长。

正宗的英国老榆树是山榆或者叫“苏格兰榆树”。它的树干没有普通榆树那样高，因为它的大树枝向外伸展时长得比较低。它的叶子要大一些，它的种子播下去后很快就会生长和成熟。但是在英国它也不是很常见，主要分布在苏格兰、威尔士和英格兰西部。

甚至到了冬天，你还能在榆树上找到很多芽。等四月份来了，你透过大树枝向上望去，就会看到整个树顶都笼罩着紫色，这是由于嫩枝上的紫色小花都盛开了的缘故。现在观察下这棵树。到了四月底，新生的绿叶就会从叶芽里探出头来。但是子房已经开始脱落，被风吹成一堆一堆的。

我相信你一定知道这些扁平的小小绿色盘状物，中间长种子的地方会凸起。它们被风带过牧场，随风飘过乡村小道，落满沟槽。如果它们是从普通的榆树上落下的，它们存活的概率就不大了。但是如果乡镇广场上有山榆树，你也许会认出它的子房，因为它的种子总是躺在盘状物的正中央，而普通榆树的种子靠近盘状物的尖端。这些都是成熟的种子，可以用来播种。

英国有很多不同种类的榆树，相互间的差别不大，但是康沃尔榆树很容易辨认，因为它的嫩枝上长着很多软木。所有的大型森林榆木都是非常有用的木材。它们有时能活四五百年，但是砍伐的最佳时机是在它们大约一两百岁的时候。

很多昆虫都以榆树为食。危害最大的一种是甲虫，它能一路吃到内部的树皮，吸食树液。接着甲虫妈妈会再向下深入大约两英寸，顺着树干在每边都挖一条通道。它在每条通道里都会产下一个卵，当幼虫孵化出来后，就会以木头为食。整个树林的榆树都能被这种“榆树杀手”害死。

课后作业：找来一根白蜡树树枝，观察它的嫩枝和树芽。找一串白蜡树的匙果。在五月份的时候找一些榆树的软木质嫩枝，以及绿色的种盘。在腐烂的榆树中找一找危害榆树的甲虫所挖的通道。

第十二课 在公园里

在我们的大公园里，除了很多来自国外的有趣树木之外，你还能发现最大的和最主要的英国树木。在一两英里长的林荫道上常常种着同一种树，比如栗树、山毛榉、橡树、马栗树以及酸橙树。野外的橡树和马栗树比牧场里的长得更好。

我们还没有谈到酸橙树，但是你其实对它已经很熟悉了。它的树干又直又光滑，心形的绿色叶子很有光泽，其中一边的叶片比另一边的要大一些，叶端很尖。在黄绿色树叶中央的长梗上，会开出一簇簇黄绿色的花。

七月份的时候摘些酸橙树的花，或者在秋天果实成熟的季节，从树上摘些毛茸茸、圆滚滚的酸橙，这些果子上还带有螺纹。长出这些酸橙的叶子被称为“苞”，和长有柳树雄蕊以及松子的鳞是同一种树叶。但是在酸橙树上，这种树叶变得很长，而且可以被风刮走。

用酸橙树内部的树皮或者“韧皮”制作绳索的效果很好。蜜蜂对它也是青睐有加，因为它开出的花有香甜的气味，杯状物里装着很多蜜。

图 12－1　开花的树

1. 开花结果的野草莓树或草莓树　2. 开花的酸橙树

还有一种树，蜜蜂对它的喜爱程度与对酸橙树的几乎不相上下，只是它比酸橙树开花的日期要早一些，这种树就是美国梧桐。每年五月，在树叶全部落下之前，它的绿色花朵已经一簇簇地挂在嫩枝上。这种树十分漂亮，大大的叶子分成五个宽阔的部分。它其实是一种枫树，和树篱里生长的普通英国牧场枫树十分相似。在天气温暖的时候，如果你站在美国梧桐下面，常常会注意到树上不停地滴水，仔细看看就会发现它的叶子黏糊糊的。

这是因为所有的枫树都含有很多甜甜的糖汁或者说树液，它们慢慢向上流，然后渗出树叶，有些是在树叶干枯之后从裂缝里渗出，有些是从一些昆虫咬出的小洞里渗出。你一定见过导致植物患枯萎病的绿色小昆虫。它们紧紧贴附在玫瑰树和其他植物上，吸食它们的汁液。除了其他的小虫（比如身上裹着泡沫的沫蝉），还有成百上千的这种小绿虫在吮吸树液。它们通过裂缝把美国梧桐的糖汁或者枫树汁吸出来，淌满整个树叶。

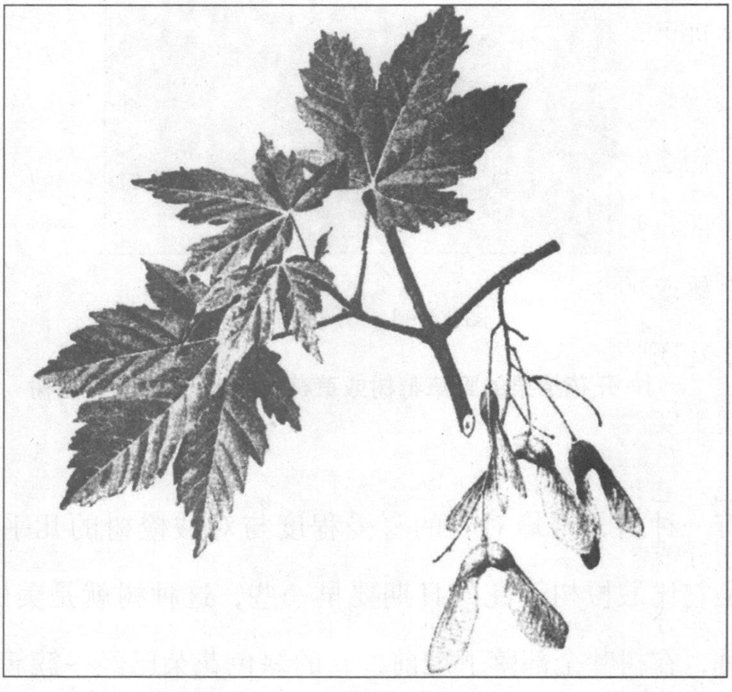

图 12 - 2　带有果实的美国梧桐嫩枝

美国梧桐树的果实非常特别。它像白蜡树的匙果一样带有翅膀，但它们的果实都是成对长在一起，因此就像飞蛾展开两个翅膀

（见图 12－2）。牧场枫树果实的翅膀比美国梧桐的伸展得更开。

枫树木材很适合于做家具。我们很多桌子和衣柜都是用美国枫树制作的。美国儿童十分喜爱的枫糖就是由一种美国枫树的甜树液制成的。

你还会在公园里看到另一种树——胡桃，它是由罗马人带到英国来的。这是一种个头很大、覆盖面广的树，树干粗糙，树枝弯弯曲曲，但是很结实。它的叶子构造和白蜡树的很像，但是比后者要大一些。年幼的时候这些叶子染着一层漂亮的淡粉色，被压碎后会散发出浓郁的气味。

这些树长得很快，十年就可以长到二十英尺高，接着就会开花结果。它们会继续生长，一直能长到七十英尺（约合 21.3 米）左右。到了四月份，树叶展开的时候，你可以看到树上悬挂着柔荑花序。带有雄蕊的柔荑花序长在上一年的翅膀顶端，但是将变成胡桃的那些小花团长在树芽新发出的嫩枝上。每个男孩都知道，秋天的时候胡桃果实会藏在绿色的外壳里。你把它剥开的时候，手指会被染成棕色。它的外壳脱落后，你可以用小刀在这个硬壳中间划一下，将它分成两半。这样就把种子的两片种叶也分开了，这些是你可以吃的部分。如果你仔细观察，就能看到种叶之间躺着小小的白色根芽，就在胡桃的尖端。胡桃木是做家具的好材料，因为当这种树变老后，会变成深棕色，上面还有非常漂亮的纹理。

还有一种树或者说灌木只生长在公园里或者灌木林中，我一定要向你介绍这种树，因为它非常漂亮。但我不确定你是否能找到它们。这就是杨梅树，由于它的果实和草莓很像，也叫“野草莓树”

（见图 12－1 之 1）。这是一种常青灌木，光滑的绿叶和月桂树叶的形状很像，边缘呈锯齿状。它的花挂在弯弯的梗上，看上去很像小铃铛，而且和石楠花一样带有蜡质。不过奇怪的是，它的果实要一年才能成熟。它们最初是淡黄色，接着颜色会慢慢变深，最后变成鲜红色。当杨梅树重新开出白绿色的花朵时，这些果实也两个一簇，三个一群，晃动在深绿色的树叶中。

你在公园里还能见到别的树，比如智利南美杉，也被称为“猴谜树”。这种树会结出球果，多刺的树叶紧紧贴在一起，确实会让猴子误以为可以在上面爬。还有木兰和郁金香，它们会开出白色和浅桃色的花，有碗那么大，十分漂亮。但是这些都是外来的树木，因此我们能先把英国本土的树木弄清楚就已经不错了。

课后作业：找一些酸橙树的花和果实；美国梧桐带着蜜滴的树叶；美国梧桐和枫树带翅膀的种子；胡桃的柔荑花序和树叶。剥开一个胡桃，观察里面的幼芽。

第十三课　树叶——它们的形状和位置

夏天的时候，树木枝繁叶茂，你已经学会了如何辨识它们，不妨从每种树上都折下一些叶子比较多的嫩枝，观察这些叶子在茎上生长的过程以及它们的形状。

我们已经注意到有些树（比如马栗树和枫树）的叶片是在茎上相对而生，每个树节处都有一对长在一起，而另一些树（比如榆树和山毛榉）的树叶是交替生长的，每个树节处只发出一片叶子。当然还有很多种交替树叶，把它们找出来是很有趣的。

在榆树和山毛榉树上，相隔一片树叶的两个叶片处于正相对的位置。叶片 1 是从树干的一侧长出来的，叶片 2 在另一侧，叶片 3 就在叶片 1 的正上方。但是如果你观察一下欧洲山杨或者山杨的嫩枝，就会发现叶片 4 位于叶片 1 的正上方。这是因为它们围绕茎向上生长的速度比较慢。接着再看一看橡树嫩枝，你会发现必须相隔六片叶子才能有两片树叶完全相对。这些与众不同之处都是有特殊作用的。当你漫步在小路上，抬头看这些树时，就会发现这些错落有致的叶子能最大限度地吸收阳光和呼吸空气。

接下来咱们再看看树叶本身的形状。植物学家使用很多名称来描述树叶的形状、边缘、叶脉以及分割。我只能向你介绍其中一部分，这样你会有兴趣留心观察其他的部分。

有些树叶是生长在一起的。如果你要摘下其中一片，就必须要将它和其他的叶子扯开。这种树叶被称为“单叶”。榆树、山毛榉树、甜栗树、酸橙树、橡树、柳树、美国梧桐以及很多其他树都是单叶树。

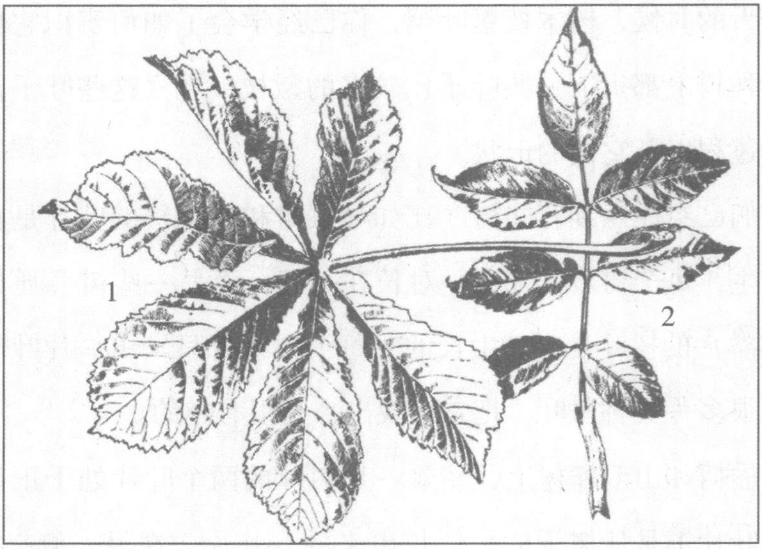

图 13－1　复叶

1. 马栗树的复叶　2. 玫瑰树的叶片

有些树叶分出很多单独的小叶，如果你要拉下一片，就必然碰到其他叶子，这种树叶被称为“复叶”（见图 13－1）。马栗树（见图 13－1 之1）、白蜡树、玫瑰树、花楸树以及接骨树的叶子都属于复叶。你一定还记得复叶分割出的部分叫作小叶，不是真正的树叶，因为它们的末端没有能够生长的小尖，弯折处也没有树芽。这些小叶有的从叶梗的顶端长出来（如马栗树），有的从中间上方的绿色细纹上发出（如玫瑰树，见图 13－1 之 2）。这个地方不是梗，而是树叶的中脉。

现在拿出你收集到的所有单叶树叶，看看它们的形状。最好的观察方式是将树叶平铺在石板上，然后沿着它的边缘画线。山毛榉树和甜栗树的叶片都很容易描绘出来（见图 13－2 之 1 和 3）。但是橡树的叶片就比较难处理了，在分割的部分你需要考虑一下是要向里画还是向外画。

如果只是要观察树叶的形状，你不需要这样做。你可以从叶梗开始下笔，绕着叶片的外部尖端一路连下去，直到重新回到开始的位置。如果你用这种方法描绘一片枫叶，画出的形状会和肾有些相似（见图 13－2 之 7）。美国梧桐的叶子更像心形（见图 13－2 之 6），更长一些，尖端是钝形的。橡树的叶片是椭圆形（见图 13－2 之 2），长大于宽。榆树或者山毛榉树的叶片形状像个鸡蛋，也就是卵形。甜栗的树叶又细又长。最后，如果你拿的是酸橙树叶，它也是心形，但不很均匀，叶片的一边比另一边要大，因此被描述为倾斜形（见图 13－2 之 5）。

现在咱们再来看看树叶分割的差异性。有些树叶（比如丁香树和常春藤）的边缘非常光滑。另一些树叶的边缘呈波浪形，冬青树叶片的浪尖处还长出刺来保护自己。但是冬青树顶端附近的树叶就没有长刺，因为牛够不到那里。

其他的树叶在边缘会有锯齿。甜栗树叶片的锯齿状边缘像把锯子。桦树的叶子（见图 13－2 之 4）也是如此，但如果你仔细看，就会发现它有两套锯齿——大一些的锯齿边缘会切入小的锯齿。这种树叶被称为双锯叶边。还有些树叶会清晰地分割出几个部分或者裂片。橡树上就是这类叶片，有时仅仅被一条波浪线分割，有时又会分出几个大区域。美国梧桐的叶片分成五个尖尖的大区域或者裂片。

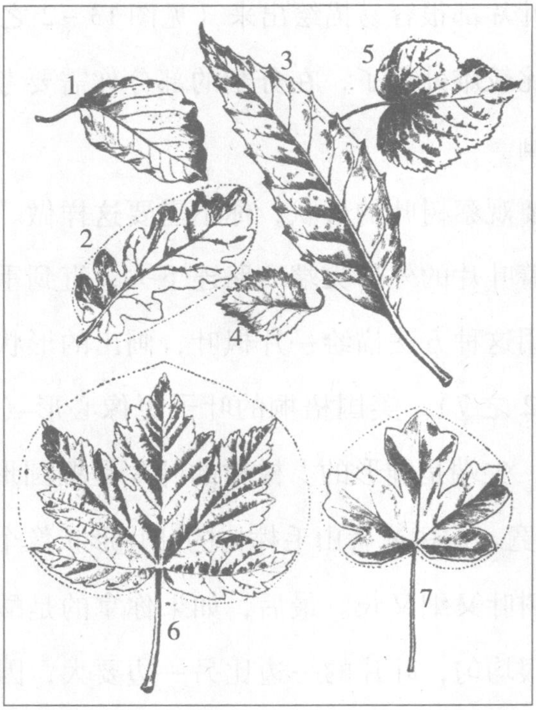

图 13－2　叶片的形状和边缘

1. 山毛榉树——卵形，波浪形叶边　2. 橡树——椭圆形，大波浪形叶边

3. 甜栗树——狭窄，宽锯齿叶边　4. 桦树——双锯齿叶边

5. 酸橙树——心形，倾斜　6. 美国梧桐——心形，裂出五片

7. 枫树——肾形，裂出五片

从这两种树叶中各取一片进行比较。你会发现叶片形状不同，构成其框架的叶脉也是不同的。在美国梧桐的叶片上，较大的叶脉或者说螺纹从叶梗的顶部延伸出来，像五根手指一样伸展开去，细小的叶脉随之发散开来。这种树叶被称为掌纹或者手掌状纹叶片，因为它的叶脉就像五根指头。与此相反，橡树叶片中央贯穿着一条长长的叶脉。较小的叶脉从这里延伸出去，就像鸟羽上的小羽毛。因为橡树叶被称为羽状叶脉或者“pinnate”叶脉，词根取自“pinna”，“羽毛”的意思。

现在拿出马栗树、白蜡树和玫瑰树的复叶叶片观察一下。马栗树的小叶和美国梧桐的叶脉长得很像。它从叶梗的顶端伸出七片小叶，像手指一样伸展开，因此也被称为手掌状树叶。但是白蜡树和玫瑰树的叶片各有一条中脉，每个小叶都像羽毛一样分布在上面，因此这种树叶也被称为“pinnate”。

还有很多叶片的形状位于我们所学的这些形状之间，如果你能收集一些，然后把它们排列在一本旧的习字帖上，很快就会明白它们名字的含义。

课后作业：描述橡树、马栗树和榆树的叶片形状以及它们在树干上的位置。把你能找到的任何一种单叶树叶和复叶树叶铺在一本习字帖上，然后进行描述。

译后记

大自然是孩子最好的老师，可如今都市里的孩子们却绝少有接触自然的机会。两三岁的孩子就能认出街上大多数汽车的品牌甚至型号，但未必知道花坛里各种花儿的名字，至于野外的各种动植物就更不要提了。回想当初，我们这一代人小的时候，城市化进程尚未开始，城市中勉强还有一些能被称为“野外”的地方——不是公园，不是绿地，而是完完全全的荒地，那里野草自顾自地疯长到一米来高，不知名的野花尽情绽放，各种昆虫生机勃勃。上学的路上，如果看见迎着朝阳展露笑颜的牵牛花，心情就会莫名地高兴。路口那棵大树倾斜得厉害，几乎走着就可以上去，坐在树上看夕阳，是小时候的我们最快乐的时候。在野地里将高高的草丛顶端束在一起，再将底下的地面清理一下，仿佛造成了一个草帐篷，这就是孩子们的秘密小屋。

只可惜当时没有《奇趣大自然》这样图文并茂、生动有趣的丛书来告诉我们这些动植物的秘密。

本丛书虽是面对儿童的科普读物，但是翻译起来并不轻松，涉及科学的部分都必须要用最严谨的态度来对待。对于动植物的特点和习性，凡是不能确定的地方，我们都会查证专业的参考书籍。一些平日里知道的鸟类、昆虫或者植物的俗称，都会准确地翻译出学名。书中还有不少“一词多义”的现象，这个词本身可能很常见，但在具体的动植物学语境中，就有了不同的含义。正因为是儿童读物，不能忽视读者群体的特征，所以译文很注意让语言简单易懂，并在尊重原意的基础上，适当增加童趣性，尽量以说故事的方式来让孩子们学到知识。

从这套丛书中，孩子们不仅能学到丰富的科学知识——比如动植物的学名、各种植物的特点和生长规律以及各种动物的特征和生活习性，还能感受到浓厚的人文情怀。生命的出现也许只是一个偶然，但是在自然界中，没有哪一种生物是随随便便就能生存下去的。动物和植物也有前世今生、生老病死，它们也会团结协作、共生共存。春天的花儿不单单是为了让人类赏心悦目，更要以鲜艳的颜色和甜美的花蜜吸引昆虫前来替它们传递花粉，到了秋天才能结出果实。而这果实之所以如此鲜艳欲滴、甜美多汁，也并非全然为了人类而生，却是要引得鸟儿来将它吃下，再将种子传播到更远的地方。繁衍生息的每一环都是如此精妙，丝毫没有浪费多余之处，这就是神奇的大自然，而人类也是其中的一员。

如此优秀的一套丛书能够问世，要感谢上帝的眷顾，感谢翻译过程中黄荟云、李雨锦同学和张芳林老师的积极参与，感谢家人的无私支持，以及暨南大学出版社的鼎力相助。

最后，谨将本书献给译者陈曦即将出世的宝宝，以及译者夏星正在孕育的宝宝。

夏星于包河畔
陈曦于暨南大学